高等数学教学方法策略研究

马冯艳　武晓敏　张慧琛　著

吉林科学技术出版社

图书在版编目（CIP）数据

高等数学教学方法策略研究 / 马冯艳，武晓敏，张慧琛著. -- 长春 : 吉林科学技术出版社，2023.6

ISBN 978-7-5744-0622-3

Ⅰ. ①高… Ⅱ. ①马… ②武… ③张… Ⅲ. ①高等数学一教学研究 Ⅳ. ①013

中国国家版本馆 CIP 数据核字（2023）第 136498 号

高等数学教学方法策略研究

著　马冯艳　武晓敏　张慧琛
出版人　宛　霞
责任编辑　李万良
封面设计　树人教育
制　版　树人教育
幅面尺寸　185mm×260mm
开　本　16
字　数　250 千字
印　张　11.25
印　数　1-1500 册
版　次　2023年6月第1版
印　次　2024年2月第1次印刷

出　版　吉林科学技术出版社
发　行　吉林科学技术出版社
地　址　长春市福祉大路5788号
邮　编　130118
发行部电话/传真　0431-81629529 81629530 81629531
81629532 81629533 81629534
储运部电话　0431-86059116
编辑部电话　0431-81629518
印　刷　三河市嵩川印刷有限公司

书　号　ISBN 978-7-5744-0622-3
定　价　70.00元

前　言

高等数学是许多高校必开的一门课程，它的理论知识与解决问题的方法为许多学科提供理论指导与参考价值，也是生活实践应用中必不可少的理论指导工具。高等数学不但为学生奠定数学基础，还在培养学生的人生观、价值观、世界观、哲学理念、素养及道德情操等方面起到重要的指导作用。

高等数学是很多高校必开的一门课程，在生活实践中也存在广泛的应用。但高等数学在大学教学中也面临着诸多问题，比如内容枯燥、纯理论证明多、与生活实践应用结合例子少，导致学生不重视，甚至觉得学习高等数学没有任何意义。针对这些问题，结合学生个体差异及教学安排，提出简化教学，从优教学内容，课后学习、高等数学研究意义与生活实践广泛应用相结合的方法，对高等数学教育教学理念改革进行初探，以便培养学生自主学习高等数学的兴趣，增强学生综合素质能力。

要想学好数学，多做题目是难免的。熟悉掌握各种题型的解题思路，起初要从基础题入手，以课本上的习题为准，反复练习打好基础，再找一些课外的习题。以帮助开拓思路，提高自己的分析和解决问题能力，掌握一般的解题规律。对于一些易错题，可备有错题集，写出自己的解题思路和正确的解题过程两者一起比较找出自己的错误所在，以便及时更正。在平时要养成良好的解题习惯。让自己的精力高度集中，使大脑兴奋，思维敏捷，能够及时进入最佳状态，在考试中能运用自如。还要学会以数学思想学习知识点，用数学方法解决问题。所用的数学方法有函数思想，分类讨论思想，转化思想，数形结合思想等。

本书主要研究高等数学教学方法方面的问题，涉及丰富的高等数学教学知识。主要内容包括数学与数学教育、高等数学教育概述、高等数学教学理念、高等数学教学的必要性、高等数学学习方法、高等数学的教学方法改革策略研究、高等数学教学应用、高等数学教学创新研究等。本书是作者长期从事高等数学教学和实践的结晶。本书在内容选取上既兼顾到知识的系统性，又考虑到可接受性。本书旨在向读者介绍高等数学教学的基本概念、原理和应用。本书涉及面广，实用性强，使读者能将理论结合实践，获得知识的同时掌握技能，理论与实践并重，并强调理论与实践相结合。本书兼具理论与实际应用价值，可供相关教育工作者参考和借鉴。

由于笔者水平有限，本书难免存在不妥甚至谬误出现，敬请当大学界同仁与读者朋友批评指正。

目　录

第一章 数学与数学教育

在公元6世纪，我国古算家已完成了《算经十书》的伟大著作，并成为长达近两千年流传于世的算学教材，在我国古代的数学教育中起着巨大的作用，直到清末算学教育也仍以此为鉴。

我国早期的数学教育基本来自田园、作坊、家庭，靠父教子、师带徒式的个别传授。后来逐渐发展为私塾、家馆及学社式教学，这可称之为数学教育的萌芽时期。随着社会的发展和人类文明的进步，我国的学校教育逐步走上正轨，并发展壮大。特别是近年来，教育事业更是得到快速发展，呈现出蒸蒸日上的喜人景象。伴随着整个教育事业的发展和世界数学教育改革运动的推进，我国的数学教育也进行了多次改革。摒弃传统数学教育的不足，引进现代教育理念，采用多媒体等现代教育技术，极大地提高了数学教育的质量。

数学教育界的有识之士，在数学教育的理论与实践方面开展了全方位、多层次的研究和探索，并取得了一系列丰硕的成果。数学教育的理论研究与实践探索，使数学教育初步形成系统化，日益走向科学化。数学教育的兴起，倡导教师们“与时俱进”地进行数学教行改革。把数学的学术形态化为教育形态，是所有数学教师的责任。教育形态和原始形态虽然有相同的地方——火热的思考，但不同的是思考要有高效率，使学生们容易接受。师范院校和其他大学一样，要做科学研究，更应该做好教学研究，注重教学改革。

第一节 发展简史及未来趋势

19世纪法国杰出的数学家庞加莱（J.H.Poincare，1854-1912）说过这样一段发人深省的话：“如果我们要想预见数学的未来，适当的途径就是研究这门科学的历史和现状。”他敏锐地指出了数学史在数学发展中的重要作用。对于数学的概念和理论，如果知道它的来龙去脉，了解它的现实模型和实际应用，就会对它有更深刻的认识。总之，研究数学发展史，可以总结历史上数学兴衰的经验教训，掌握数学发展的规律，继而预测数学未来的进程。

数学的发展史大致可以划分为四个时期。

第一个时期即数学形成时期，这是人类建立最基本的数学概念的时期。早在公元前十几世纪，铁器的出现大大促进了生产力的发展，社会财富快速增长，商业贸易随之迅速发展。由于生活、生产和社会经济的需要，人们不断地需要计算产品的数量、劳动时间的长短和分配物品的多少：需要丈量土地的面积，测定建筑物的形状和大小；需要进行天文、气象的观测等。人们在围绕着数与形这两个概念的研究中，使数学逐渐地发展起来。人类从数数开始逐渐建立了“自然数”的概念，简单的计算法，并认识了最简单的几何形式，逐步地形成了理论与证明之间的逻辑关系的“纯粹”数学。当时算术与几何还没有分开，彼此紧密地交错着。

第二个时期称为初等数学，即常量数学的时期。这个时期从公元前 5 世纪或更早一些开始，直到 17 世纪，大约持续了两千余年。在这个时期中逐渐形成了初等数学的主要分支：算术、几何、代数、三角。

按照历史进程和地域的不同，可以把初等数学史分为三个不同的阶段：希腊时期阶段、东方时期阶段和欧洲文艺复兴时期阶段。

希腊时期正好与希腊文化普遍繁荣的时代一致。到公元前 3 世纪，在最伟大的古代几何学家欧几里得、阿基米德、阿波罗尼奥斯的时代达到了顶峰，而终止于公元 6 世纪。当时最光辉的著作是欧几里得的《几何原本》。尽管这部书是两千多年前创作的，但是它的一般内容和叙述的特征，却与我们现在通用的几何教科书非常相近。

希腊人不仅发展了初等几何，并把它导向完整的体系，得到了许多非常重要的结果。例如，他们研究了圆锥曲线：椭圆、双曲线、抛物线，证明了某些属于射影几何的定理；以天文学的需要为指南建立了球面几何以及三角学的原理，并计算出最初的正弦表；确定了许多复杂图形的面积和体积。

在算术与代数方面，希腊人也做了不少工作。他们奠定了数论的基础，并研究丢番图方程，发现了无理数，找到了求平方根、立方根的方法，知道算术级数与几何级数的性质；在几何方面希腊人已接近“高等数学”。阿基米德在计算面积与体积时已接近积分运算，阿波罗尼奥斯关于圆锥曲线的研究接近于解析几何。

“希腊七区”之首泰勒斯最早提出“论证数学”的思想，被后人传说为世界第一位数学家和几何证明的创始人。其传人毕达哥拉斯（Pytharas，约公元前 580—公元前 500，希腊）创立的学派盛极一时，该学派在数学上信奉“万物皆数”，最早发现勾股定理等。但是毕达哥拉斯的弟子希帕苏斯在考虑边长为 1 的正方形的对角线的长度时，发现这个长度不能用已知的数来表示，便动摇了“万物皆数”的信条，他因此遭到该学派的谴责，并被抛进大海而葬身鱼腹。虽然如此，希帕苏斯的发现还是引发了第一次数学危机，也促成了后来无理数的发现。

应该指出，当时我国的算术和代数也已经达到了很高的水平。在公元前 2 世纪到 1 世纪已有了三元一次联立方程组的解法。同时在历史上第一次利用负数，并且叙述了对负数进行运算的规则，也找到了求平方根与立方根的方法。

随着希腊科学的终结，在欧洲出现了科学萧条时期，数学发展的中心转移到了印度、中亚细亚和阿拉伯国家。在这些地方从 5 世纪到 15 世纪的一千余年间，数学由于计算的需要，特别是由于天文学的需要而得到发展。印度人发明了现代计数法，引进了负数，并把正数与负数的对立、财产与债务的对立及直线上两个方向的对立联系了起来。他们开始像运用有理数一样运用无理数，并给出了表示各种代数运算包括求根运算的符号，由于他们没有对无理数与有理数的区别感到困惑，从而为代数打开了真正的发展道路。

“代数”这个词本身起源于 9 世纪的数学家和天文学家穆罕默德·花拉子米。花拉子米的著作基本上建立了解方程的方法。从那时起，求方程的解作为代数的基本特征被长期保持了下来，他的代数著作在数学史上起了重大作用，后来被翻译成拉丁语，曾长期作为欧洲主要的教科书。

中亚细亚的数学家们找到了求根和一系列方程的近似解的方法，找到了“牛顿二项式定理”的普遍公式，他们有力地推进了三角学，把它建成一个系统，并造出非常准确的正弦表。这时中国数学的成就开始传入邻国。约在公元 6 世纪我国已经会解简单的不定式方程，知道几何中的近似计算以及三次方程的近似解法。

到 16 世纪，所缺少的主要是对数及虚数，还缺乏字母符号系统。正像在远古时代，为了运用整数，应该制订表示它们的符号一样，现在为了运用任意数并对他们给出一般运算规则，就应该制订类似的符号。这个任务从希腊时代就开始而直到 17 世纪才完成，在笛卡儿和其他人的工作中最终形成了现代的符号系统。

在科学复兴时期，欧洲人向阿拉伯人学习，并且根据阿拉伯文的翻译熟识了希腊科学。从阿拉伯沿袭过来的印度计数法逐渐在欧洲被确定。

只是到了 16 世纪，欧洲科学终于超越了先人的成就。例如，意大利人塔尔塔利亚和费拉里在一般形式上解决了解三次方程与四次方程的问题；在这个时期开始运用虚数；现代的代数符号也出现了，其中出现了表示未知数和表示已知数的字母符号，这是韦达在 1501 年提出的。

最后，英国的纳皮尔发明了供天文学做参考的对数，并在 1614 年发表。布利格计算出第一批十进对数表是在 1624 年。

当时在欧洲也出现了“组合论”和“牛顿二项式定理”的普遍公式；级数出现得更早，所以初等代数的建立是完成了，以后则是向高等数学即变量数学的过渡，但是初等数学仍在发展，仍有很多新的成果出现。

第三个时期是变量数学的时代。到 16 世纪，封建制度消亡，资本主义开始发展并兴盛起来。在这一时期中，家庭手工业、手工业作坊逐渐被工场手工业所取代，并进而转化为以使用机器为主的大工业。因此，对数学提出了新的要求。这时，对运动的探究变成了自然科学的中心问题。实践的需要和各门科学本身的发展使自然科学转向对运动的研究，对各种变化过程和各种变化着的量之间的依赖关系的研究。

17 世纪开始了人类的科学时代。由于人们掌握了科学方法，自然科学在各方面都呈现出一派突飞猛进的大好形势。其中由牛顿一手奠定基础的物理科学两大支柱：力学和数学，起了带头和主力军的作用。这时，“运动”成为自然科学研究的中心课题，进而迫使数学建立相应的概念和理论。17 世纪上半叶，变量的概念随之而生。伟大的数学家笛卡儿（R.Descartes，1596-1650，法国）以力学的要求为背景，把几何内容与代数形式结合起来，引进了笛卡儿“变数”，他把过去对立着的两个研究对象“数”和“形”统一起来，于 1637 年建立了解析几何学，完成了数学史上一项划时代的变革：从此，开始了变量数学的新纪元。恩格斯对笛卡儿的变量思想给予了极高的评价：“数学中的转折点是笛卡儿的变数。有了变数，运动进入了数学，有了变数，辩证法进入了数学，有了变数，微分和积分也就立刻成为必要的了，而它们也就立刻产生，并且是由牛顿和莱布尼兹大体上完成的，但不是由他们发明的。”

变化着的量的一般性质和它们之间依赖关系的反映，在数学中产生了变量和函数的概念。数学对象的这种根本扩展决定了数学向新的阶段，即向变量数学时期的过渡。

数学中专门研究函数的领域叫作数学分析，或者叫无穷小分析。后一名词的来源是无穷小量的概念。它是研究函数的重要工具。所以，从 17 世纪开始的数学的新时期——变量数学时期可以定义为数学分析出现与发展的时期。

变量数学建立的第二个决定性标志出现在 1637 年笛卡儿的著作《几何学》。这本书奠定了解析几何的基础，给出了字母符号的代数和解析几何原理，即引进坐标系和利用坐标方法把具有两个未知数的任意代数方程看成平面上的一条曲线。解析几何给出了回答如下问题的可能：

（1）通过计算来解决作图问题；

（2）求由某种几何性质给定的曲线的方程；

（3）利用代数方法证明新的几何定理；

（4）反过来，从几何方面来看代数方程。

解析几何是这样一个数学门类，即在采用坐标法的同时，用代数方法研究几何对象。在笛卡儿之前，数学中起优势作用的是几何学。笛卡儿把数学引向这一途径，就使代数获得更重大的意义。

变量数学发展的第二个决定性标志是牛顿和莱布尼兹在 17 世纪后半叶建立的微积分事实上牛顿和莱布尼兹只是把许多数学家都参加过的巨大准备工作完成了，它的萌芽却要溯源于古代希腊人所创造的求面积和体积的方法。

微积分的起源主要来自三个方面的问题：一是力学的一些新问题，如已知路程对时间的关系求速度及已知速度对时间的关系求路程：二是几何学中一些相当古老的问题，如作曲线的切线和确定面积与体积等问题；还有一个是函数的极值问题。

除了变量与函数概念以外，后来形成的极限概念也是微积分以及相关学科进一步发展的基础。同微积分一起，还产生了数学分析的另外部分：级数理论、微分方程论、微分几何。所有这些理论都是因为力学、物理学和技术问题的需要而产生并向前发展的。

当时尽管微积分学得到了广泛的应用，但是逻辑上却存在着一些不严密之处，尤其是在无穷小概念上的混乱，曾引起过不少科学家的批评。1734 年，英国哲学家牧师伯·克莱（George Berkeley，1685—1753）发表了在科学史上引起轩然大波的小册子《分析学家，或致一位不信神的数学家》，矛头直指牛顿的流数方法和莱布尼兹的微积分，立即引发了历史上耸人听闻的第二次数学危机。从而激发 18、19 世纪的众多数学家为微积分的完善做了大量出色的工作，促使微积分日臻完善，化解了第二次数学危机，也发展了一些后续学科。诸如微分方程、微分几何、复变函数等。

数学分析蓬勃地发展，不仅成为数学的中心和主要部分，而且还渗入到数学中较古老的一些领域，如代数、几何与数论。通过分析及其变量、函数和极限等概念，运动、变化等思想，使辩证法渗入全部数学。同样地，基本上通过分析，数学才在自然科学和技术的发展中，成为精确表述它们的规律和解决它们问题的得力工具。

在希腊人那里，数学基本上就是几何；在牛顿以后，数学基本上就是分析了。因而可以说，微积分的创立在科学史上具有决定性的意义。

当然，分析不能包括数学的全部。在几何、代数和数论中都保留着它们特有的问题和方法。比如，在 17 世纪，与解析几何同时还产生了射影几何，而纯粹几何方法在射影几何中占统治地位。

同时期还产生了另一个重要的数学门类——概率论。它研究大量“随机”现象的规律问题，给出了研究出现于偶然性中的必然性的数学方法。

在希腊几何的历史上，欧几里得所做的严格和系统的叙述结束了以前发展的漫长道路。和这种情况相似，随着分析的发展必然引起更好地论证理论、使理论系统化、批判地审查理论的基础等这样一些任务，这些任务是 19 世纪中叶被赋予的，这些重要而困难的工作通过许多杰出学者的努力而胜利完成，特别是获得了实数、变量、函数、极限、连续等基础性概念的严格定义。

变量数学的长足发展，促使许多新兴的数学学科蓬勃向前，其内容和方法不断地充实、深入和扩大。到 19 世纪初，业已枝繁叶茂，硕果累累，似乎数学的宝藏已挖掘殆尽，无多大发展的余地了。数学这块鏖战的阵地上出现了胜利后的暂时宁静。这种宁静——孕育着新的激战前的宁静，预示着巨大革命潮流的到来。随着自然科学及工程技术的迅猛发展，19 世纪 20 年代，数学革命的狂飙终于再次来临了。

理论原则的建立是其发展的总结，但不是它的终结，相反的，正是新理论的起点。分析的情形也是这样，由于它的基础的准确化产生了新的数学理论，这就是 19 世纪 70 年代德国数学家康托尔所建立的集合论。在此基础上又产生了分析的一个新分支——实变函数论。同时集合论的一般思想渗入到数学的所有分支。这种“集合论观点”与数学发展的新阶段不可分割地联系在一起。

正当人们欢呼喝彩时，“罗素悖论”好似一颗重磅炸弹，震撼了数学界，号称天衣无缝、绝对正确的精确数学居然也出现了自相矛盾。这一悖论使数学家们惶恐不安，许多人努力设法去消除这个怪物，于是引起了一场涉及数学基硼的大论战。它刺激着大批数学家去奋力探索如何进一步建立严格的数学基础。比如希尔伯特形式化公理方法及罗素对数理逻辑的探讨，都对数学发展有着十分重要的影响。由于这些崭新的数学领域的出现，使得数学又迈进了一个新的历史时期——现代数学时期。

第四个时期为现代数学时期。这一时期的特征是数学的研究对象急剧拓广，一切可能的和更为一般的量及其关系，都成为数学的研究对象。现代数学的另一个特征是新的概括性概念的建立，富有新的更高的抽象程度。

还在 19 世纪上半叶，罗巴切夫斯基和波尔约就已经建立了新的非欧几何学，它的思想是别开生面的和出乎意外的。正是从这个时候起，开始了几何学的原则上的新发展，改变了几何学是什么的本来理解。它的研究对象与使用范围迅速扩大。1854 年，著名的德国数学家黎曼继罗巴切夫斯基之后在这个方向上完成了最重要的工作。他提出了几何学家能够研究的“空间”的种类有无限多的一般思想，并指出这种空间的可能的现实意义。如果说，以前几何学只研究物质世界的空间形式，那么现在，现实世界的某些其他形式，由于它们与空间形式类似，也成了几何学的研究对象，可采用几何学的各种方法对它们进行研究。因此，“空间”这一术语在数学中获得了新的更广泛的，也是更专门的意义，同时几何学方法本身也大大地丰富和多样化了。欧几里得几何本身也发生了很大的变化。现在可研究更为复杂的图形，乃至任意点集的性质。同时也出现了研究图形本身的崭新的方法，在这些研究的基础上，产生了各种新而又新的“空间”和它们的“几何”：罗巴切夫斯基空间、射影空间、各种不同维数的欧氏空间、黎曼空间、拓扑空间等，所有这些概念都找到了自己的应用。

在 19 世纪，代数也出现了质的变化。以往的代数是关于数字的算术运算的学说。这种算术运算是脱离了给定的具体数字在一般形态上形式地加以考察的。也就是说，在代数中，凡量都以字母来表示，按照一定的法则对这些字母进行运算：现代代数在保持这种基础的同时，又把它大大地推广了。它还考察比数具有更普遍得多的性质的“量”，并且研究对这些量的运算，这些运算在某种程度上按其形式的性质来说与加、减、乘、除等普通算术运算是类似的。向量：是最简单的例子，我们知道，向量按照平行四边形法则相加。在现代代数中进行的推广达到这样的程度，以致“量”这个术语本身也常常失去意义，而一般的是讨论“对象”了，对这种“对象”可以进行与普通代数运算相似的运算。例如，两个相继进行的运动相当于某一个总的运动，一个公式的两种代数变换相当于一个总的变换等。与此相应就可讨论运动与变换所特有的“加法”。现代代数在一般抽象形式上研究所有这种类似的运算。

现代代数理论是 19 世纪前半叶从许多数学家的研究中形成的，其中尤以法国数学家伽罗瓦的工作著名。现代代数的概念、方法和结果在分析、几何、物理以及结晶学中都有重大应用。群论与线性代数是现代代数中内容丰富的两个分支，并在自己的发展中得到很广的应用。

与此同时分析也发生了深刻的变化。首先，它的基础得到了精确化，特别是形成了它的基本概念：函数、极限、微分、积分，最后是变量：概念本身的精确和普遍定义，实数的严格定义也给出了。这些工作是由一批杰出的数学家共同完成的，其中有捷克数学家波尔查诺、法国数学家柯西、德国数学家魏尔斯特拉斯和戴德金等。在分析中发展出一系列新的分支，如实变函数论、函数逼近论、微分方程定性理论、积分方程论、泛函分析。在分析和数学物理发展的基础上同几何与代数新思想相结合产生的泛函分析在现代数学中起着特殊重要的作用。

此外，我们还必须提到德国数学家康托尔的集合论。它促进了数学的其他许多新分支的发展，对数学发展的一般进程产生了深刻的影响。集合论还导致了数学领域的另一分支——数理逻辑的发展。一方面，数理逻辑溯源于数学的起源和基础；另一方面它又和计算技术的最新课题紧密相连。数理逻辑得到了许多深刻的结果，这些结果从一般认识论的观点来看也十分重要。

但是，一则好似笑话的罗素悖论，使天才数学家康托尔的集合论不能自圆其说，引起第三次数学危机，直到朴素集合论蜕变为公理集合论时，才平息了轰动一时的第三次数学危机。

从以上数学发展的轨迹中可以预测，数学的现代发展趋势不仅表现在现代数学的新领域和高层次中。而且还表现在数学向一切学科与社会部门的渗透和应用中，其主要表现有以下几个方面。

（1）从单变量到多变量，从低维到高维。

（2）从线性到非线性。

（3）从局部到整体，从简单到复杂。

（4）从连续到间断，从稳定到分岔。

（5）从精确到模糊。

（6）数学与计算机的结合。

第二节 数学对人类文明的贡献

数学产生于人类的实际需要，而成为一门最早发展起来的科学。数学历来是人类文化的一个重要组成部分。科学家培根提出：“知识就是力量。”并且指出：“数学是打开科学大门的钥匙，……轻视数学必将造成对一切知识的损害。因为轻视数学的人不可能掌握其他科学和理解万物，回顾科学发展和人类进步的历史，事实确是如此。以下列举历史上几个对人类文明具有用大影响的例子作为佐证。

（1）万有引力定律。基于哥白尼的日心说和开普勒行星运动的三大定律，牛顿发现了万有引力定律，这是人类对宇宙认识的一次伟大革命。牛顿把他最重要的著作命名为《自然哲学之数学原理》，是因为他发现新宇宙的思维方式是数学的思维方式。

（2）相对论。爱因斯坦的相对论是宇宙观的另一次伟大革命，其核心内容是时空观的改变。牛顿力学的时空观认为时间与空间不相干，伽利略变换式是这种数学模型的基本表现形式。爱因斯坦的时空观却认为时间和空间是相互联系的，四维空间的洛仑兹变换是这种数学模型的表现形式。促使爱因斯坦做出这一伟大贡献的仍是数学的思维方式。

海王星，太阳系中最远的行星之一，是1846年在数学计算的基础上发现的。天文学家阿达姆斯和勒未累分析了天王星运动的不规律性，得出结论：这种不规律性是由其他行星的引力而发生的，勒未累根据力学法则和引力法则计算出这个行星应该位于何处，并把这个结果告诉了观察员，而观察员果然通过望远镜在勒未累指出的位置看到了这颗行星。可以说这个发现是数学计算的胜利。

（3）还有一个著名的例子是电磁波的发现。英国物理学家麦克斯韦概括了由实验建立起来的电磁现象规律，把这些规律表述为“方程的形式”，他用纯粹数学的方法由这些方程推导出可能存在着电磁波并且这些电磁波应该以光速传播着。据此，他提出了光的电磁理论，这个理论后来被全面地发展和论证了。除此之外，麦克斯韦的结论还推动了人们去寻找纯电源的电磁波。例如，由振动发电所发射的电磁波。这样的电磁波果然为赫兹所发现．而不久之后，波波夫就找到了电磁振荡的激发、发送和接收的办法，并把这些办法带到许多应用部门，为发明无线电技术奠定了基础。现在已进入信息时代，无线电技术对于人类生活是何等重要人人都已体会到。但是我们可不要忘记，纯粹数学在这里曾起过巨大作用。

（4）再一个例子是非欧几何的诞生。它是从欧几里得时代起的几千年以来，人们一直想要证明平行公设的企图中，也就是说，从一个只有纯粹数学趣味的问题中产生的。罗巴切夫斯基创立了这门新的几何学，他自己谨慎地称之为“想象的”，因为他还不能指出它的现实意义，虽然他相信会找到这种现实意义。他的几何的大多数结论对大多数人来说，非但不是“想象的”，而且简直是不可想象的和荒诞的。可是无论如何罗巴切夫斯基的思想为几何学的新发展以及各种不同的非欧空间的理论的建立打下了基础。后来这些思想成为广义相对论的基础之一，而且四维非欧几何的一种形式成了广义相对论的数学工具。这样，看来是不可理解的抽象数学体系成了一个最重要的物理理论发展的有力工具。

数学不仅是一种理论方法或一种形式语言，更主要的是一门有着丰富知识体系的学科，其内容对自然科学家、社会科学家、哲学家、逻辑学家和艺术家都是十分有用，同时影响着政治家和神学家的学说；可以满足人类探索宇宙的好奇心和对美妙音乐的冥想；甚至可能有时以难以察觉到的方式但无可置疑地影响着现代历史的进程。

历史上一些划时代的科学理论成就的出现，无一不借助于数学的力量。早在古代，希腊的毕达哥拉斯学派就把数看作万物之本源。享有“近代自然科学之父”尊称的伽利略认为，展现在我们眼前的宇宙像一本用数学语言写成的大书，如不掌握数学的符号语言，就像在黑暗的迷宫里游荡，什么也认识不清。19 世纪末英国的著名科学家开尔文说：“如果您能够用数来计员和表达您所说的事物，那么您就是知道有关这方面的某些东西。但是，如果您不能对它们加以计量并用数字加以表示，那么您的知识就是浅薄不足的。”物理学家伦琴因发现了 X 射线而成为 1901 年开始的诺贝尔物理学奖的第一位获得者，当有人问这位卓越的实验物理学家、科学家需要什么样的修养时，他的回答是：第一是数学，第二是数学，第三是数学。对计算机的发展做出过重大贡献的冯·诺伊曼认为数学处于人类智能的中心领域。他还指出：“数学方法渗透着、支配着一切自然科学的理论分支，……它已愈来愈成为衡或成就的主要标志。”马克思通过自己对数学书籍的广泛涉猎，对数学本身某些内容的钻研以及在经济学中数学的应用，切身体会到：“一门科学只有当它达到了能够成功地运用数学时，才算真正发展了。”这是对数学的作用的深刻理解，也是对科学的数学化趋势的深刻预见。

数学的应用越来越广泛，即使在自然科学方面，数学早已不只有力学、物理学和工程这样的基本用户。现在，数学在生物科学各分支的成功应用尤其突出。数学生物学已成为应用数学中最振奋人心的前沿之一，正是数学帮助人们把生物学的研究推到了研究生命和了解智力这样的新前沿。

近些年来，科学家们常说的 21 世纪将是生物学的世纪，这样的见解也是和生物学得益于数学而日趋兴旺成熟分不开的。就连一些过去认为与数学无缘的学科，如考古学、语言学、心理学等现在也都成为数学能够大显身手的领域。至于研究社会现象的各门科学，特别是经济学、社会学更是大量地并且卓有成效地运用着数学。数学方法在深刻地影响着历史学研究，帮助历史学家做出更可靠、更令人信服的结论。这些情况使人们认为，人类的智力活动中未受到数学科学的影响而大为改观的领域已寥寥无几了。

第三节　数学教育的本质与发展趋势

数学教育发展的源头，可以上溯到古代中国的“六艺”（礼、乐、射、御、书、数）教育和西方的“七艺”（文法、修辞、逻辑学、算术、几何、天文、音乐）教育。随着社会政治、经济、文化、科学、技术和生产的发展，数学本身已枝繁叶茂，数学教育也呈现出勃勃生机。那么，作为学校教育中一个重要组成部分的数学教育，从古到今有哪些发展？为什么会有这样的发展？发展前景又将怎样？我们不妨对这些问题做一简要的回顾、探讨和展望。

数学教育的发展大致可划分为古代（19 世纪以前）、近代（19 世纪至 20 世纪 50 年代）和现代（20 世纪 50 年代以后）三个阶段。在此我们不可能全面回顾世界各国数学教育的发展历程，只能采取重点介绍的办法，以先综述时代背景后分析具体历程，先国外后国内的顺序勾勒出大致轮廓。

一、古代的数学教育

古代希腊曾创造了丰富多彩的文化，尤其是在文学、艺术、哲学、数学等领域的成就，对古罗马和后世的欧洲有着极为深刻的影响。所以，我们不妨就选择古希腊的数学教育作为这一时期国外数学教育发展的一个代表。

直到公元前 6 世纪，古希腊的数学、科学技术相对当时的东方来说，还是落后的。在那里，人们鄙视商业活动和手工业劳动，崇尚哲学和艺术，认为理想的人应该是一个才智见识超众的哲人，教育的任务就是培养这种充满智慧的人。那么，如何培养呢？只有学习文法、修辞、逻辑学、算术、几何、天文、音乐这七艺来培养。

古希腊的学校教育可分为初级和中级两个阶段。初级教育一直持续到 14 岁，数学的教学内容主要是一些日常生活中的实用算术。接着四年的中级教育中，有关数学的科目是几何和天文学。这一阶段的数学教学重点已转为训练思维和增长才智，但数学在七艺中的地位仍排在文法、修辞与逻辑学之后。

而中国是一个历史悠久的文明古国，在古代，为实行高度集权统治，必须树立以皇帝为最高权威的“金字塔形”的等级观念。长期以来，无论哪个朝代，都把“君为臣纲、父为子纲、夫为妻纲”和“仁、义、礼、智、信”等一套伦理道德作为传统教育的主要理念，所以，最受古代中国人重视的就是道德和礼仪。至于数学，则“自古儒士论天道定律历皆学通之，然可以兼明，不可以专业”，甚至于“后世数则委之商贾贩鬻辈，学士大夫耻言之，皆以为不足学，故传者益鲜”。

中国历代所办学校可分为官学和私学两种。官学是各级官府所办的学校，西周已有。西周的酉学是当时官学的一种，分为小学和大学两个阶段。小学以书、数为主，这“数”度是数术，内容大都包含在《九章算术》中，多半是些结合日常生活和劳动的基本计算。对于大多数学生来说，他们一生中所受的数学教育主要也就是这些启蒙教育，因为大学阶段转而教授“礼”“乐”“射”“御可见，官学中教数学是仅为经世致用而已，但在专门传授数学的私学中情况则完全不同。私学是私人所办的学校，多半采用个别教学，教材及学习年限也不固定。在潜心数学学习和研究的私学中，师生完全沉浸在钻研数理的快乐之中，获得了大量具有世界先进水平的数学成果。隋朝之后，虽然建立了国家最高学府一国子寺，并在国子寺里增设了明算学，开创了我国高等数学教育机构，但由于历代统治者对数学教育的兴废无常，这一机构的作用极不稳定。因此，传授数学的私学依然是培养数学人才最主要的基地。

《九章算术》是我国最早独立成科的数学专门著作之一。全书采用问题集的形式，按“问”“答”“术”的顺序编写。因此，对大多数要用数学但又不想深究算理的人来说，只需学会依“术”行事，保证计算结果正确即可。而少数以数学为专业的人则可借助《九章算术》的注疏，探究“术”中蕴含着的深奥算理。我国古代数学家无不研习《九章算术》，可见，它对我国古代数学的教学和研究有着多么深刻的影响。

二、近代的数学教育

进入 19 世纪，西方国家的科学技术迅速发展，但学校教育依然是传统的人文学科占统治地位。于是，古典教育和科学教育之间展开了一场比以往任何时候都更为激烈的斗争。坚持古典教育的人，自诩其教授几门课程便能给予人的心智以一般的训练，并使所得能力能够迁移到后来的一切学习中去，而且，这些课程均由观念构成，与道德培养密切相关。他们攻击科学教育必然会为了包揽一切功利的事项而汗牛充栋，何况，这种科学教育课程是由事实构成的，与道德培养毫不相关。而倡导科学教育的人则强烈要求将近代科学引进学校教育，坚持在学校课程中，自然科学知识应占最重要的地位，应以实用的知识代替那些传统的不切实际的装饰性知识。在这场斗争中，科学教育思想首先在英国战胜了古典教育思想。科学教育的倡导者赫胥黎（M.N.Huxley）认为：“像英国这样一个具有深厚的工商业利益的施运主义大国，没有良好的物理和化学的教学，就会严重阻碍工商业的发展。不重视科学的教育是极其鼠目寸光的政策。”斯宾塞也认为：“科学的价值是无穷无尽的，不仅在实用价值上，而且在训练价值、教育价值上，远胜于传统的人文学科。”他们提出这些观点，正值国际贸易竞争激化的时候，所以很快就被英国采纳了。19 世纪中叶后，其他工业大国，如德国、法国和美国，也都相继采纳了他们的主张。于是，以科学为中心的学校课程体系开始建立起来。数学也因其与自然科学密不可分的联系从此在学校教育中占有了重要地位。

进入 20 世纪以后，人们发现，学校课程变得越来越庞杂，学生简直到了不堪负担的地步。许多人开始反思学校教育的目的究竟是什么？学校教育又该如何响应工业的发展、教育的普及、教育心理理论的更新？又一场教育改革运动开始酝酿了。

这一时期，学校先是重视职业教育，后又重视生活适应教育，但总的来说，数学课程没有被忽视。由于初等、中等教育日益走向普及，学习数学的学生也随之大量增加，因此，当时对数学教育的改革，重点是使数学课程变得能够满足不同学生的需要和更容易为学生所掌握。比如，设置水平不同的数学课程，综合地处理数学的各科内容，在教学中强调直观等。

1901 年，在英国学术协会年会上，近代数学教育改革的倡导者之一——培利（Perry），发表了著名的《论数学教学》演说。他认为，可以从教学内容和教学原则两方面去改革英国的数学教育。在数学教学内容上，“要从欧几里得《几何原本》的束缚中完全解脱出来；要充分重视实验几何学；要重视各种实际测量与近似计算；要充分利用坐标纸，应多教些立体几何（画法几何），较过去更多地利用几何学知识，应尽早地教授微积分概念”。相应地，关于数学教学原则，他强调“在儿童们了解事物的根源之前，必须先对那事物有亲近感，并进行观察。即便是简单的事物，与其由教师指出，不如让学生自己去发现”。可惜，他激进的演说并没有被当时保守的英国数学教育界采纳。

此时的德国数学教育改革在教材编写方面很有特色。19 世纪末，先后出版了用射影的方法统一几何、代数和三角的《初等几何教科书》，以及融合了代数、几何、三角、画法几何的《初等数学教科书》，将几个分支综合起来，互相为用，互相渗透。德国伟大的数学家、国际数学教育委员会第一任主席克莱茵（F. Klein）热心倡导数学教育改革。他的《高等观点下的初等数学》告诫人们数学教育的改革不能采取保守的、旧式的态度，数学教育工作者的头脑里应始终保持着近代的、新的数学的进步、新教育的进展，来改造初等数学。他还主张：教育必须是用发生的方法，因此，空间的直观、数学上的应用、函数概念是非常必要的。他的改革方案注重让知识的呈现次序符合学生的认识过程，提倡以函数思想为中心组织教学内容，重视数学的应用。经 1905 年在意大利米兰召开的数学理科教授协会会议的讨论，这一改革方案发展成为著名的米兰要目，据此要目，出版了《近代主义数学教科书》。1915 年，日本将其译出，用作教材。

这一历史时期，中国的社会、学校教育也发生了极大的变化。早在明末清初，西方传教士就带来了《几何原本》等数学著作。这种不用筹算，不用珠算，而用笔算的抽象的系统的数学，令中国数学家耳目一新：徐光启非常推崇《几何原本》，他认为这是一本训练思维的好书，举世无一人不当学，从那时起，这本书对中国的初等数学教育开始产生重要影响。但清代中后期起，清政府采取闭关锁国的政策，甚至多次兴起文字狱，使西方数学的传人受到阻碍，数学家只得埋头于传统数学的整理与研究工作。1840 年鸦片战争以后，中国的大门被打开，帝国主义列强迫使清政府签订了一系列丧权辱国的不平等条约，中国社会开始沦为半殖民地半封建社会。当时，来华的西方传教士不再满足于翻译介绍西方数学，他们在中国兴办教会学校，编写宗教用书和数理化教科书。用美国传教士狄考文的话说，就是“如果我们要取儒学的地位而代之，我们就要准备好自己的人们，用基督教和科学来教育他们，使他们能胜过中国的旧士大夫，因而取得旧士大夫阶级所占的统治地位；与此同时，清朝统治者中的有识之士也注意到了办学之重要。林则徐提出的“师夷长技以制夷”的主张，得到许多朝野人士的响应。闽浙总督和船政大臣联名启奏皇帝：“水师之强弱，以炮船为宗；炮船之巧拙，以算学为本。”自此，两千多年来教学内容几乎没有任何变化的中国学校教育受到了巨大的冲击，数学课程在新式学校教育中占据主要地位。

这期间我国的数学教育较多地受到美国以及日本、英国的影响。教学内容与这些国家类似，有算术、代数、平面几何、立体几何、三角和簿记。教科书的发展则经历了一个逐渐提高的过程。从教材所用的数学符号和排版格式看，弃先进的西方数学符号不用，重新创造一些汉字符号，排版也沿袭中文的习惯，从右向左；自上而下，这被戏称为“套上中国马夹的西算，进入20世纪以后，教材的形式已完全西化。再从教材的选用来看，先是以翻译美国传教士编写的水平一般的课本为主，后来发展到以翻译英、日、美等国质量较高的课本为主，以国人自编的课本为辅。民国初年终于发展到以自编的课本为主，以翻译的课本为辅。20世纪20年代，混合算学也开始在我国流行:但30年代以后，又恢复了分别设科的做法，一些国外的分科教材，如《范氏大代数》《三S平面几何》《斯、盖、尼三氏解析几何》逐渐流行，国人自编教科书虽也有一定影响，但使用方面缩小了。

三、现代的数学教育

20世纪初克莱茵和培利播下的改革种子，直到20世纪50年代才盼来了生长的好气候。当时，经过二次世界大战，各国对科学技术在现代战争中的巨大作用有了深刻的认识。原苏联第一颗人造卫星上天，又一次敲响了战鼓，形成了社会各界支持发展科学教育和数学教育的风尚，这为数学教育改革创造了一个极为有利的外部环境。与此同时，数学与教育学习理论取得了长足的进步，更为数学教育改革指明了方向。其中，尤以布鲁纳（J.S.Brunner）在其《教育过程》中阐述的结构课程论对数学教育改革的指导作用为最大。布鲁纳认为，无论教什么学科，教授和学习该学科的基本结构最重要;学习应该是发现的，不是习得的；课程应由该学科的专家、教师和心理学家共同设计。这些观点在20世纪60年代的数学教育现代化运动中得到了较好的贯彻。

1951年，美国以依利诺斯大学为中心，开始了数学教育改革的实验。1958年，又成立了由国家资助的“学校数学研究小组”（SMSG）。通过1959、1960、1962年的几次国际会议，在20世纪60年代一场从美国兴起的“新数学”运动终于波及世界许多国家。

虽然各国改革的实际情况不尽相同，但在改革的一些基本观点上是一致的。比如，改革者都认为，当前的数学课程严重地落后于社会生产、科学技术和数学本身的发展，学生的数学学习偏重于记忆和模仿，缺乏对数学的理解，数学课程内容之间缺乏整体联系，因此，需要采取有力措施提高学生的数学素养。

20 世纪 70 年代以后，各国的数学教育现代化运动都开始降温，进入了调整策略、总结经验教训的稳步改革阶段。新的改革者们开始重视从“新数学”运动一开始就不断传来的数学界内部的反对意见。虽然各国经过调整，都在向后“倒退”，但并不是重蹈 60 年代改革前的老路。大多数国家还是保留了映射、概率统计、向量、矩阵、微积分、计算机的使用等的初步知识，但对集合、数理逻辑、数学结构、公理化等严谨的抽象理论和符号不像过去那样过分强调,而是注重在教学中渗透这些思想.对于受“新数学”运动冲击最大的几何，大多数国家采取了让直观几何、变换几何和经过精简的欧氏几何共存的折中措施。教材的编排不再强求混合，但注意加强各科内容之间的联系。另外，针对传统数学和“新数学”都忽视数学是应用这一弊端，20 世纪 80 年代，美国又提出了重视问题求解的口号，并得到了其他国家的响应。

新中国成立以来，我国的数学教育也经历了几次变革。第一次是全面学习原苏联，参照他们课本编写了一套注重系统性的数学教材，但数学教学内容的深度和广度有所降低。第二次是教育大革命，1958 年那段时间，许多数学家、教育家、大学师生、广大中学教师就中学数学教育的目的和任务、大纲、教材及课程的现代化问题展开了激烈的讨论，提出了很多意见和方案。但总的来说，这些方案要求过高，脱离实际。1961 年开始实行“调整、巩固、充实、提高”的方针，这是第三次变革。当时颁布的数学教学大纲，对数学教学的目的、内容和原则等都做了比较全面的阐述。据此，人民教育出版社编写的教材，增加了平面解析几何和概率初步，比较适合我国的实际。一般都认为这一时期的中学数学教学质量有了稳步的提高，达到了较高的水平。第四次变革是“文化大革命”，数学教育因过于强调联系实际而流于形式，大大削弱了基础知识的教学和基本技能的训练，使我国数学教育质量大幅度下降。第五次是“文革”后的拨乱反正时期，人们普遍重视了数学教育。考虑到教材要合乎现代科学技术的要求，1978 年，教育部颁布的数学教学大纲增加了集合、对应、微积分与概率统计初步等内容。但由于要求过高，后来做了几次局部的调整。

怎样使学生由不知变为知，这是数学教育工作者思考得最多的一个问题。随着数学教育的深入发展，人们已经逐步认识到，这个问题与“学习是怎样发生的”“究竟什么是数学”“数学教育要追求什么样的目的”及“社会是否重视知识”等问题都有着不可分割的联系。于是，人们对教学的研究已冲破“某个课题如何讲”的限制，在各种数学观、学习观、教育观，社会观的指导下，数学教育出现了许多新的教学方法。现代教学方法已形成以下鲜明的特点：以发展学生的智能为出发点，以调动学生学习的积极性和充分发挥教师主营作用相结合为基本特征，注重对学生学习的研究，重视对学生进行情感教育。

四、数学教育的发展趋势

未来的数学教育会是怎样的呢？初看，这好像是在预测未来，但实际上已是迫在眉睫的问题，是每个数学教育工作者都十分关心的问题。1988 年第六届国际数学教育大会就曾把“2000 年的课程”列为一个讨论专题。会上对这个问题进行了广泛的交流，目前结合教育实践的进一步研究还在继续。由于社会文化背景和数学教育发展历史的差异，对于上面这个问题，每个国家所作的回答不尽相同，甚至互相对立。不过，既然处于同一个时代，国际的交往又如此频繁、快捷，从众多的回答中，还是能够找出一些较为共同的看法的。

（一）数学为大众

实现普及中等教育，即使在工业发达国家，也只不过是近几十年的事。在 20 世纪 50 年代之前，各国的教育基本上仍是西欧工业革命以后的产物。它是为当时一小部分能够接受正规学校教育的人而设计的，所以，根本不适合今天大众教育的形势。虽然 20 世纪 60 年代数学教育进行了改革，但在为所有学生服务方面并无任何改善，相反，对大多数学生的关心反而减少了。

“数学为大众”的英文原文是“Mathematics for All”，即数学要为所有人，这就是说数学应该为优秀学生、为普通学生、为后进学生。这一思想最早是由荷兰著名的数学家、数学教育家弗赖登塔尔（Freudenthal）提出的。随着数学与其他科学技术之间的相互影响越来越多，随着“机会均等”的口号越喊越响，随着“每个人在给以一定的指导条件下都能学会数学，甚至自己创造数学”的论点不断得到实验的验证，随着联合国教科文组织的文件《数学为大众》在世界各地的传播，这一思想已得到许多国家的赞同。英国的《Cockcroft 报告》强调：“中学数学教学的根本目的，是为了满足学生今后在成人生活、就业和进一步学习与培训方面对数学的需要。”美国的《人人有份》报告指出，面对 21 世纪和信息时代的到来，以及受国际竞争的驱使，要实行七个转变，其中第一个转变就是“中学数学的目标应从双重目标——为多数人的数学很少，为少数人的数学很多——转变为单一目标”为所有学生提供重要的共同的核心数学，“数学为大众”的思想不仅在中学数学教育界引起了积极的反响，大学数学教育界也在研究“作为服务性学科的数学的教学”。看来，“数学为大众”，或称作“数学应该属于所有人”“数学是一门服务性学科”的口号正迅速地在世界各地传播，并将极大地推动着数学教育的实践。

（二）知识技能与应用均衡发展

数学的知识、技能、应用这三者是互相联系、互为发展基础的。学习某一技能要从学习有关的知识开始，应用要以熟悉有关知识、技能为前提，达到自觉应用境界更要求对有关知识和技能熟练到可以信手拈来。当然，应用也有助于加深对知识和技能的深入了解。因此，从理论上说，知识、技能、应用三方面均衡发展是合理的。而且，数学教育的发展历史也从实践上证明了这一点。20 世纪 60 年代国外的“新数学”运动从另一方面告诫我们：过分注重数学的逻辑结构与演绎体系，而忽视数学的应用也行不通。实践证明，这样做挫伤了大部分学生学数学的积极性，使很多学生无论就业或升学都有困难，甚至不会运用学到的数学知识去解决哪怕是日常生活中的简单问题。经过 20 世纪 70 年代和 80 年代的调整，许多国家已注意到应均衡发展知识、技能和应用。比如，一贯注重知识、技能训练的日本，在其最新的数学教学大纲中，也强调除了知识和技能之外，还要加上数学的思维培养。大纲编制者认为，数学思维的提高与知识和技能的培养不同，不能单独孤立地学习，要借助问题求解，并将培养数学思维贯穿于数学教育之始终。

（三）加强数学的内在联系和外部联系

在传统的数学教育中，数学被划分成许许多多的学科，每个学科都有其独特的思想方法。例如，代数中有些问题就是要尽量地把式子化简，以达到解方程或不等式的目的。几何中有些证明就是要从已知条件出发，逐渐向求证的结论靠拢。这些做法很难揭示数学知识的内在联系。与此做法截然相反的是“新数学”运动，它追求统一，一切从集合出发，使用现代数学语言，结果使学生在还未理解数学，看到数学的力量之前，就跌入了术语、符号堆，被迫做着自己也不明白怎么回事的运算，结果遭到不少严厉的批评。因此，割裂知识的内在联系，或仅仅强调数学的内在联系而忽视数学与现实世界的外部联系，均是不足取的。只有同时加强数学的内在联系和外部联系方是理想的出路。

美国最新课程标准很重视数学的这种联系，它指出：这是数学教学中必须强调的一项重大任务。只有学生有了对数学的了解和掌握，就能领会数学是一个有机的整体而不是一堆孤立凌乱的东西；对事物的考察就能从多角度多方面地进行，思路就会更加活跃，解决问题的手法就会更加灵活多样，数学能力就能得到提高；同时，能加深对数学在科学、文化中的地位和作用的认识，激发对数学学科的兴趣。

（四）新技术进入课堂

自从 20 世纪 40 年代末第一台电子计算机诞生，70 年代第一架抽珍电子计算器问世以来，计算机、计算器等新技术正在越来越快地改变着人们的日常生活和工作，以至于在许多人的观念中，计算机已成了生活和工作现代化的一个象征。1980 年在第四届国际数学教育大会上，有学者了解到当时各国使用计算器的大致情况是：小学几乎全部教师都拒绝使用计算器；中学教师多数不反对使用，但只是作为计算工具；大学教师和学生则广泛使用。时隔八年，在 1988 年召开的第六届国际数学教育大会上，到处听到技术革命、计算机时代对数学教育产生根本变革的预言，计算机辅助教学的提法似乎已改变为计算机改造数学教育的提法。这一变化是巨大的，究其原因，恐怕与计算机（器）的功能越来越多，而售价却越来越便宜有关现在的计算机已不再是只会做数字运算的机器，它还能进行式的化简、因式、解一解多元线性方程组、求方程的近似解、求导、求积等代数运算；能在屏幕上模拟汽车风洞等试验；能通过人机对话进行辅助教学。在这种个别化的学习环境中，学生可进行操作与练习、接受个别辅导、向计算机提问、观察计算机所做的模拟实验、在计算机上做寓教于乐的教学游戏等。即便是手掌大小的计算器，在数学教育中也具有极大的潜力。近年来各国采取的已不再是完全摒弃新技术的态度。

当然，就此认为新技术是万能的也不合适。比如，计算器能代替计算，协助探索，但不能代替理解。如果学生不先认真用纸和笔做许多练习，就不能真正理解所学的知识，对计算器给出的答案也不会评判其合理性。使用新技术还有一个“度”的问题。学习材料一般可以分成两类：实质性材料和非实质性材料。学习前者不能完全依赖计算机（器），而对后者，因为它们只是理解实质性材料所必需的工具，所以可以依赖计算机（器）。这就好比我们不允许一年级的小学生用计算器做加减法，而允许大学生使用一样，这既不会妨碍学生对实质性材料的深入理解，又不会使学生不恰当地把注意力集中在非实质性材料上。

以上阐述了数学教育发展的趋势。但必须指出，由于每个国家的经济基础、社会文化不同，所以各个时期发展的侧重点也会不同。但是，对数学教育的本质，在认识上应该是一致的。

数学教育本质上依赖于教育者对数学教育价值的深刻理解与认识。从教育的角度来看，可以把数学看作为解决实际问题而提供的知识和技巧的一种实用的实体，如果这样来认识数学的教育价值，那么数学教育所依赖的仅是它的教学职能，这时数学教育只需要将组成数学这个实体的知识和技巧传授给学生以满足社会需要。然而，如果把数学作为描述客观现象（自然的或社会的）的思维和语言模型的一种主要工具来理解，那么在数学知识、技能的背后却蕴含着数学精神的、思想的和方法的无穷无尽的源泉，从而迸发出数学科学的巨大的文化教育价值。数学思维变成一种按一定逻辑步骤进行的经济性思维，数学方法便成为各门科学数学化普遍使用的方法。照此说来，不仅科学工作者乃至一般普通公民，需要数学教育提供的不仅仅是传授一定的数学知识，而更需要的是数学的研究精神、数学发明、发现的思想方法、数学思维和数学能力的训练，而这种数学精神、数学思想、数学方法、训练数学思维和数学能力的培养，充满了整个初等数学和高等数学，存在于各种数学教材之中。数学教育的本质在于，通过数学教育把这些价值体现出来，使之充分发挥数学科学的教育职能。

从上面的分析，我们不难看出，由于对数学科学的教育价值存在着不同的理解与认识，就会产生有着不同出发点的数学教育。一种是着重发挥数学教育的教学职能，着重数学知识的传授，把数学教育理解作为研究数学教学任务、内容、方法和形式的科学。这种数学教育对学生对教师来说，目标都是很有限的，即仅仅满足于获得大纲和教科书所规定的知识和技巧以及在某些特定条件下运用这些知识和技巧的能力。数学教育的许多方面（如创造性思维能力的训练等）在教材和平时训练中很少有所体现，在考试中也不测试这些方面。另一种数学教育注重发挥数学科学的教育职能，在传播数学知识的同时，着重数学精神、数学思想、数学方法、数学思维和数学能力的训练与提高。这两种数学教育虽然有一定的联系，但应当看到，它们之间却有着质的区别。哲学家指出："即使是学生把教给他的所有知识都忘记了，但还能使他获得受用终生的东西的那种教育才是最高最好的教育。"显然这里所说的"最高最好的教育"绝不是指以单纯传授知识为主的传统教育，这里所说的"受用终生的东西"也绝不仅仅是指知识，由此可见，单纯的知识传授不能算最高最好的教育。正如爱因斯坦所指出的："发展独立思考和独立判断的一般能力，应当始终放在首位，而不应当把获得专业知识放在首位。"

数学教育过程是教师、学生、教材、环境等相互作用与相互适应，从而实现把知识、能力、思维转化为适合学生特点的认识过程，其目的是为了达到发展和创造。数学教学法的奠基人裴斯泰洛齐指出，教育的目的在于发展人的一切天赋力量：和能力，认为这种发展是全面发展和、和谐发展。按我们的理解，这种全面发展、和谐发展，对数学教育来说，是指通过数学教育使学生在知识教养、情意教育、智能发展和数学美育等多方面的发展．他还认为最重要的是"应该鼓励人们自己去学习，并且允许他们自由发展""我们必须从生活本身去寻找发展思考能力的手段。鼓励、促进和加强这个发展，永远是教育的目的"，他还认为他的教育思想"适用于道德和智力；这个思想从开始就鼓励儿童的活动，引导儿童产生真正是他自己的成果，它同时给他不去盲目抄袭别人而提高自己的能力和意志。""正因为这些教育原则还在普遍地被忽视，所以，我们看到有这么多人完全缺乏技能、爱好或创造力因此，数学教育的重点应当改变，就是说，从大纲、内容到方法以及新的课堂环境都需要在广泛的意义上，为培养、发展学生的创造力服务。创造性应该成为数学教育的灵魂。著名数学教育家波利亚指出："什么是数学技能呢？数学技能就是解题能力——不仅能解决一般的问题，而且能解决需要某种程度的独立思考、判断力、独创性和想象力的问题。"现代数学教育最关心的是改善对学生的整个教育，教师的工作是教育，而不仅仅是讲课。数学教育的首要目标是通过数学教育使学生获得发展和创造。传统教学不是这种创造型或发展型数学教育的最好途径，数学教育的根本途径是为学生获得发展和创造准备一个适宜的环境。我们强调的这种探索型或发展型的数学教育与作为职业或日常生活提供数学技巧或数学工具的教学型数学教育，虽然有着明显的区别，但它们又有着统一性的一面，实际上它们是相互联系的又是相互补充的。我们坚持的正是这样一种数学教育，它刻画了数学教育这一概念的科学实质，奠定了本学科所阐述的数学教育教学体系的理论基础。

第四节　数学教育的提升——教育教学

近年来，关于数学教育改革的论战方兴未艾。这是一件体现社会主义民主的好事，真理越辩越明。在中国改革开放的大环境下，数学教育也必须“与时俱进”地进行改革。改革是硬道理，但是矫枉不要过正，通过实践检验真理，前途一定是光明的。对于新的课程标准和教育模式来说，批评固重要，建设价更高。

古埃及的一位国王曾跟欧几里得学习几何。国王被一连串的公理、定义、定理弄得头昏脑涨，便向欧几里得请求道“亲爱的欧几里得先生，能不能把您的几何弄得简单一些呢？”这位伟大的学者严肃地回答说：“几何无王者之路！”

后人常借这个故事嘲笑国王的无知，但是仔细想想，国王的要求也不无道理，从教育的角度说，作为学生，总是希望老师能把课讲得精彩些、明白些，总是希望教科书编得更容易看懂。国王的要求，正道出了几千年来数学老师和学生的心声。

怎样才能把繁难的数学知识用简单的方法教授给学生呢？在教学中出现的难点如何攻克呢？在中国少年儿童出版社出版的《从数学教育到教育数学》一书中，作者张景中院士、曹培生教授给我们做出了榜样，他们采用系统面积法的基本原理，改造了初等几何的教学内容，同时向我们介绍了“教育数学”。这一解决教学难题的“独门武器”，不失为一种现代教学思想。

中国科学院院士张景中先生认为，数学教育学面临着教什么（数学内容）和怎样教（教学方法）的两大问即，其中“教什么”的问题又相对重要，因为肯定了“教什么”才能研究“怎样教”的问题。但是数学前辈几千年来流传和积累下的数学成果并非尽善尽美，为了数学教育的需要，对数学研究成果进行再创造式的整理，提供适于教学法加工的材料，往往需要数学上的创新。为了完成这一任务而进行的研究活动，如果发展起来形成方向和学科，就是教育数学。

数学教育和教育数学两者在文字表述上十分相近，很容易使人产生混淆。事实上，数学教育是对数学材料进行教学法的加工使之形成教材，而教育数学是对数学研究成果进行再创造式的整理，提供适合教学法加工的数学材料，数学教育不承担数学上的创造工作，而教育数学则需要数学上的创新。用张教授自己的话说就是：“数学教育着眼于教学法和如何对数学材料进行教学法的加工，是为了数学而做教育，并不承担数学上的创造工作，也就是并不做数学，教育数学则实实在在是要做数学。”

华东师范大学张英宙教授撰文指出数学成果真有三种不同的形态：原始形态、学术形态和教育形态。原始形态是指数学家发现数学真理、证明数学命题时所进行的繁复曲折的数学思考。它具有后人仿效的历史价值，学术形态，是指数学家在发表论文时采用的形态：形式化、严密地演绎、逻辑地推理，它呈现出简洁的、冰冷的形式化美丽，却把原始的、火热的思想淹没在形式化的海洋里。教育形态是指通过教师的努力，启发学生高效率地进行火热的思考，把人类数千年积累的数学知识清楚明白地传授给学生，使学生更容易接受。

把数学的学术形态化为教育形态，是所有数学教师的责任。教育形态和原始形态有相同的地方，即火热的思考。不同的是思考要有高效率，使学生容易接受。这里，可以顺便提到师范院校的“师范性”。师范院校和其他大学一样，要做科学研究，要做教学。但是，师范院校的老师，包括所有讲授高等数学课程的老师，都要努力呈现所讲内容的教育形态。潜移默化，就能为未来的数学教师做出榜样。遗憾的是，师范院校教师的讲课，呈现的更多的还是学术形态的数学，更坏的教学则是抄黑板——把书本上的形式演绎过程冰冷地抄在黑板上。

数学中充满着问题，大家都引用哈尔莫斯的话“问题是数学的心脏。”但是数学问题多种多样。有些问题是波利亚式的——纯粹数学课题，有明确的条件和结论，找准解题策略之后，依靠技巧获得解决：还有一种问题是数学本原问题，着重数学本质，建立数学概念，构造思想体系，形成数学思想，从数学解题规律提升为数学本质的揭示。

两千多年前的欧几里得，对当时的几何学研究成果进行再创造，写成了《几何原本》这一有着深远影响的教程，这是教育数学的第一个光辉典范。一百多年前的法国数学家柯西，对牛顿、莱布尼兹以来微积分的研究成果进行再创造，写出了至今还在影响着大学讲坛的《分析教程》，成为高等数学教育发展途中的一座里程碑。这是教育数学的又一杰出贡献。当代的布尔巴基学派，把浩繁的现代数学纳入“结构”的框架，出版了已达40余卷的百科全书式的巨著《数学原理》，对数学从头探讨，并给予完全的证明，这是为数学家准备的高级教程。应当说，布尔巴基是当代的教育数学大师。

一百多年来，极限的严格定义“语言”始终占据着微积分的课堂．要真正掌握微积分的原理，就不得不过“语言”这道关。但这一关，不仅使理工科学生望而生畏，就是数学专业，也把它当作教学上的重点和难点。极限的“语言”既是打开微积分宝库的钥匙，但也是阻拦人们获取宝库珍宝的关卡。

大学数学基础课的主要作用之一是其作为培养学生理性思维的载体。通过数学思维的训练来培养学生的理性思维，无疑对于启迪学生的创新意识，加强分析能力，提高数学乃至全面素质都是至关重要的。但目前大学数学教学大多偏向于授受式方法，教师将知识以系统的定论呈现给学生，学生则满足于弄懂、记牢知识和方法（很多人甚至是只记公式和套路）必要时再现。这种教学模式束缚了学生思维的发展，有碍于学生能力的培养，也无法培养学生探索问题的态度、行为和方法，因此，改变学生被动接受学习的现状，培养学生的思维能力应是当前教学改革的一个重要问题。

作为大学数学主干基础课之一的微积分，是人类思维的伟大成果之一，其内容蕴涵了极为丰富的数学思想。让更多的人知道和掌握微积分的思想方法，应成为当代数学教育的首要任务。

第二章　高等数学教育概述

第一节　我国高等数学教育中的若干问题

一、概述

随着科学技术的迅猛发展，各门学科知识开始相互渗透，使得一些交叉学科呈现越来越强的生命力，而数学则是与其他学科交叉部分最多，知识渗透得最为广泛的一门学科。例如生物数学、数量经济方法、数理语言学、定量社会学、天文学等学科均运用大量数学工具解决各自领域的问题，甚至在文学、法学、政治学等学科也要借助数学模型进行更深层次的研究。新的形势已经迫切需要非数学专业的学生也应具备较好的数学基础，这样的基础决定了高校会培养出什么样的社会劳动者，而劳动者能力的高低决定了这个国家的经济发展水平和速度，所以高等教育的质量关乎着一个国家的发展水平。

为了让非数学专业学生拥有更强的能力，成为未来高素质的社会人才，从 20 世纪 90 年代开始，我国许多高校为经济管理类、文史类、法学类、政治学等院系学生开设了高等数学课。然而，随着越来越多的高校为非数学专业的学生开设数学课，出现的问题也越来越多，例如许多学生（包括财经类学生和文史类学生）对数学的兴趣不高、不清楚所学知识如何应用、对数学畏惧、不及格率高等。作者所在的团队曾对我国部分高校进行走访调查，发现许多高校在开办高等数学的过程中都遇到一系列令其头痛的问题，其中最大的共性问题是高等数学的不及格率非常高，多数在 10% 以上，部分高校的不及格率高达 25%-35%。居高不下的不及格率已经成为困扰学生和教师的首要难题。为了让学生尽可能通过考试，教师不得不逐年降低试题难度，有的高校甚至为往界重修生单独出题，但仍然有部分学生直到大四还是不能通过考试。一方面，时代发展要求非数学专业的学生要拥有较好的数学基础，可另一方面，学生学习数学的兴趣并不高，不及格率居高不下，这样矛盾的现状令高校教育工作者感到头疼和无助。目前，这些问题已经引起了一些学者对高等数学教育中出现的问题进行了探讨和研究。如徐利治在 2000 年谈了自己对高等数学教育的一些看法，并给出了一些大胆而独特的改革建议；聂普炎强调了实验和软件对培养学生的动手能力的重要性；郑毓信谈了对数学课程改革的观点，并强调了高等数学教师队伍应专业化等。在众多教育工作者的关注下，有些学校已经开始组建专门的高等数学教学队伍，希望通过团队的力量进一步提高高等数学的教学质量。然而，现有的对高等数学教育的研究大多只片面地关注了教育体制以及高校本身存在的问题，而忽略了学生以及中学数学教育方式等重要影响因素。事实上，提高教学质量，绝不能仅靠高校进行简单的教育体制改革，学生自身学习态度、中学教育方式，教材质量以及教师重视程度等都起着非常重要的作用。本节从学校和学生两方面分别总结了影响高等数学教学质量的一些问题，并对这些问题逐一进行了分析。

二、高等数学教育中存在的问题

（一）学校在开展高等数学教育过程中存在的问题

作者对国内一些知名大学的高等数学课程进行了调研，所调研的学校几乎都对全校的非数学专业学生开设了高等数学课（一般包括微积分、线性代数和概率论与数理统计三门课），并针对不同专业学生对数学的需求进行了分层教学。不同层的学生使用不同的教材，设置不同学时。归纳这些学校的高等数学课，大体可以分为 3-5 类，教材内容由难到易依次为理工类（约 4 学期）、经济管理类（约 4 学期）、医学、城市规划类（约 3 学期）、文史类（约 2 学期），以及针对部分文科院系如艺术、外语等介绍数学思想、数学发展史的选修课（1 学期）。可见，数学已经成为新世纪各个专业学生必须学会的一门课程。这既符合时代发展的需要，也能满足学生日益提高的技能要求。然而，在调研中也发现各高校在开展高等数学的教学过程中都存在着诸多问题，其中比较突出的共性问题有：

1. 各高校普遍重科研而轻教学

为更多的非数学专业学生开设高等数学课，目的是让更多的学生掌握数学思想，学会用数学思维思考问题、用数学方法解决问题。因此，数学课，尤其是非数学专业的数学课的教学应该是一个动态发展的过程，是与社会发展紧密联系的过程。教师应根据学生的专业特点、知识储备情况等定期修改大纲，及时将数学的新应用和新发展增加到课堂中去，让学生真正了解学习数学的意义。然而，由于越来越多的民众开始关注高校排名，使得许多高校都比较重视教师的科研能力，而忽略教学技能，致使教师们普遍把注意力放在了如何提高科研水平上，而没有精力去关注教学问题，更少有教师会根据社会的发展及时增删知识。虽然许多高校对数学课采取了分层教学的形式，但是这种分层只是根据不同专业的学生对数学的不同要求将原有的高等数学内容进行了删减、调整，知识结构并没有根本的变化，对数学的应用讲解得不够，更没有及时更新知识。因此，高等数学课的教学内容普遍比较陈旧、教学方法单一、学生学习效果差、对数学的掌握和理解根本不能满足社会的要求。

原因分析及解决思路：重视科研而忽视教学，这是很多高校普遍存在的现象。许多高校为了提高自己的知名度，为了有个好的排名，鼓励教师多拿项目，多写文章。有的高校为了让教师多出成果，将职称评定标准不断提高，并对所有的教师都实行科研考核制度。对于科研考核不合格的教师，不论其教学水平多高，学生有多喜爱，都进行惩罚、甚至解聘。教师为了完成给定的科研任务，也为了达到越来越残酷的职称评定标准，不得不把大量的精力放在科研上，基本无暇关注教学问题。因此，要提高高等数学的教学质量，就必须纠正这种重科研而轻教学的错误导向。

2. 各地中学教材改革不同步，中学和大学的数学内容不衔接

上世纪末，国家开始推行素质教育，目的是培养综合素质高、生存能力强的新一代，减少只会学习的“书呆子”，使学生在德、智、体、美、劳等各个方面都能得到很好发展。但在推行过程中，一些地方的中学（包括家长）对素质教育的理解不够正确，误认为素质教育就是减负，为此开始对教材进行改革，删减了部分抽象复杂的知识，却增加了一些大学数学课程较简单的知识。然而，为了能顺利考上大学，学生和老师仍然搞题海战术，学习的时间和强度都没有减少，所以学生的创新能力、思想品德、身体素质等多方面并没有得到显著提高。这样的改革使得素质教育并没有真正实施起来，学生的数学基础反而下降了许多。另外，由于对学生的培养目标理解不同，各地中学对数学教材的改革方式也大不相同。一方面，许多地方的中学删掉了如极坐标、复数、反三角函数、空间曲面等知识，而增加了一些原本应在大学讲解的知识，如微积分、线性代数以及概率论等高等数学的部分内容。另一方面，有些省份的中学却把复数、反三角函数等知识当作教学重点，根本没有涉及过任何高等数学知识。中学数学改革得千差万别，导致各地学生带着不同的知识储备进入了大学。而大学数学并没有将中学删掉的知识补充进来，知识结构也没有根据学生的不同数学基础做出调整。各地上来的学生不论基础如何，只要在同一专业，就上相同的数学课程。这种现象造成的结果是没有学过复数，反三角函数、空间曲面等知识的学生在大学时遇到这些知识就很难听懂课程，而遇到学过的高等数学知识时又觉得乏味、没有新意。前者使学生对学习产生畏惧心理，后者则会使学生有厌倦情绪，两种情形都直接对学生的学习效果产生影响。

原因分析及解决思路：基于中学教材改革产生的影响，我们可以从以下几个方面进行改正：第一，纠正各地中学对素质教育的理解，不应删掉一些对学生将来学习很重要的知识，例如复数的三种表示形式、反三角函数的相关知识等，这些知识在大学数学中都要用到，中学不考虑大学的教材内容一味删减自己认为复杂抽象的知识，不是真正的减负，只是将学生的学习负担从中小学阶段推移至成年阶段而已。第二，应该对各省中学的数学教材进行统一改革。各地中学改革不统一，使得学生的知识储备差别很大，给高等数学的教育工作带来一定难度。第三，应将中学数学与大学数学看成是一个连贯的知识体系。学生从中学进入大学，学习的知识应该是连贯的、逐渐加深的，中学数学应是大学数学的基础。中学若想对教材进行改革，就应和大学教材同步进行。中学数学如果需要删掉一些知识，那么大学数学教材应将其补充进来，而中学讲授过的知识大学数学应略讲或删除，这样才能让学生感受到从中学到大学学到的数学知识是连贯的、系统的知识体系。

3. 高等数学普遍内容偏多，且重计算、轻应用

目前，我国许多高校的高等数学教材内容普遍偏多，计算量大且抽象枯燥，而对知识的应用讲解得不够。由于教学大纲规定的内容较多，教师每堂课都要忙于将规定内容讲完，每堂课上完教师都会感到十分劳累，少有时间与学生进行沟通、互动。教师虽然教得都很辛苦，但学生的学习效果并不理想。因为学生的注意力普遍不能长时间持续，加上所学知识抽象难懂，很多学生到后期开始溜号、犯困，直接影响到学习效果。另外，许多高等数学教材对数学的应用讲解得不多，使得学生学完所有的数学课后仍不了解所学的知识到底有何用处。事实上，许多学生不重视数学就是觉得数学对其今后的学习和工作没有多大用处。在一次调查问卷中，有 73% 的学生认为数学对自己本专业的学习以及今后的工作是没有或少有用处的，这种认知极大影响了学生们学习数学的积极性。

原因分析及解决思路：新中国成立后，我国高校的高等数学课是在前苏联的帮助下开展起来的。受其影响大多数版本的数学教材重理论和计算，且难度较大。近十几年，我国许多高校开始修改高等数学内容，总的来说难度是降低了，但计算量和理论知识仍然偏多，应用知识介绍得还是不够。如果我们能根据学生的专业特点以及时代的要求，适度修改大纲，删减或略讲抽象难懂、使用率不高的知识，而增加数学在其他学科和实际生活中的应用介绍，尤其是数学在日常生活中的应用，让学生意识到数学的强大和重要，这样学生自然会重视数学，努力学好数学。

4. 没有数学软件辅助教学，教学模式单一

在美国，许多高校的数学课上都要使用一些数学软件或计算软件来辅助教学。教师通过软件将复杂、抽象的知识形象化，使学生更好地理解所学知识。同时，教师还要求学生会用一种或多种数学软件计算习题、处理数据等。因此，美国的高等数学课上得生动有趣，学生普遍动手能力较强，并且在工作时很快能将所学知识应用于实践。而我们的数学课教学模式单一，主要以教师课堂抽象讲解为主，学生课下复习为辅。学生学习完高等数学后，基本上不会使用任何软件处理问题。

原因分析及解决思路：我国各高校的数学教师一般是学数学出身，计算机功底不够，

大多没有能力自己研制、开发与教材配套的数学软件，也无力购买国外现成的数学软件。而精通计算机的教师大多又不懂数学，也没有动力去研发数学教学软件。因此，到目前为止，我国的高等数学课还只能靠教师通过语言来传递知识。如果我们的高校能重视数学软件的研发，鼓励数学教师和计算机教师联合研发适合教学的软件，或者学校出资购买国外现成的数学软件进行改进后用于我们的教学，那么，我们的数学教育在不久的将来将呈现出更强大的生命力，培养出的学生将更具竞争力。

5. **大班教学不利于课堂开展教学互动，应付考试成为教学目的**

许多高校的高等数学课作为基础必修课，采取了大课堂教学的形式。经常是多个学院的学生一起上课，人数众多（一般 100 人 -300 人不等）。大班教学的课堂效果并不好，教师很难照顾到每个学生，而学生，尤其是坐在后面的学生由于看不清黑板或听不清讲课而影响到学习效果。这部分学生也极容易溜号转做其他和数学课无关的事情。另外，由于数学课课堂容量大，用于课堂提问的时间非常有限，有的学生可能一学期也没有被提问过。长此以往，这些学生开始出现惰性心理，不断缺课。为了督促学生来上课，有的学校要求教师每堂课点名，但由于课堂人数众多，学生知道教师很难记住所有学生，所以经常出现点名时代答到、代上课的现象。这样一学期下来，教师虽然教的很辛苦，但是教学效果并不理想。

原因分析及解决思路：近几年由于高校扩招，许多高校的教学资源开始变得紧张起来。若为全校的学生开设高等数学课，势必需要更多的教师、教室以及教学设备等，大大增加了教学成本。可是新的社会需求又要求学生具备数学基础，所以大部分高校对高等数学课采取了大课堂教学的方式。这样既可以节约教室，减少教师的需求量，又可以满足社会对高校的要求。但是，从目前来看这种大课堂的教学方式并不令人满意。由于大班不好管理，学生不及格现象严重，每年大批的重修生严重干扰了正常的教学秩序。为了尽可能减少学生不及格的比例，许多教师把学生通过考试作为教学目的，失去了高等数学课开办的意义。要想杜绝上述现象的发生，就必须限制每个教学班的人数。实践发现，一个班 60-80 人一般比较便于教师管理、开展教学活动。因此，建议每个高等数学课教学班的人数不要超过 80 人。

（二）学生在学习高等数学过程存在的问题

让非数学专业、尤其是纯文科院系的学生学好数学绝不能仅靠学校，教师的努力，学生本身也是影响教学质量的重要因素。作者通过多年的教学观察、访谈，并通过调查初步给出了四个影响学生学习效果的因素。

1. **学生自主学习能力差**

在众多影响学生学习效果的因素中，学生自己的努力程度是最重要的因素。学生们都很清楚这一点，但很多学生总是由于种种原因而不能集中精力自主学习。我们通过问卷和面谈得到影响学生主观能动性发挥的原因主要有以下三方面：（1）新生会陷入“失重”状态，影响了主观能动性的发挥。大多高校都将高等数学课作为基础必修课为刚入学的学生开设，而刚刚走进大学的学生，突然离开父母，开始独立生活，很难适应。大部分学生不能很好安排学习和生活，也不适应集体生活模式和陌生的环境，使得一些学生在大学的第一年都处于“失重”状态，学习没有计划，作息没有规律，晚上经常熬到下半夜，但具体因何事熬夜却说不清楚，第二天在课堂上犯困，导致听课效果很差。（2）缺少教师和家长的督促，自我控制能力差。大学里经常举办各种社团活动，尤其新生入学，各种招新活动更是应接不暇。学生没有老师和家长的督促和看管，很容易被丰富多彩的校园生活吸引而在不知不觉中懈怠学习。（3）授课方式改变，学生开始很难适应。大学的数学课程一般上课时间长、内容多、速度快，大学教师又不像中学教师那样每天督促学生学习，使得许多学生处于忙乱状态，不知道该怎样适应这快节奏的学习方式。另外，大学平时测验少，有的课程只在期末才会进行考试，使得许多学生在学期中松懈下来。

2. 学生对数学的兴趣不高

我们在对人民大学近1000名非数学专业学生的调查统计中发现，将近一半的学生对数学课的兴趣不高。为什么会有这么多的学生对数学提不起兴趣？分析原因主要有以下几点：（1）中学数学学习模式的影响。大多数中学为提高高考成绩，在讲授数学课时采用题海战术，让太多的学生对数学产生了畏惧心理，一些学生反映他们在没有上数学课前就已经开始惧怕数学了。（2）高等数学的学科特点。高等数学课的内容普遍偏多，知识抽象难懂，相对于其他专业课程来说，学习起来更累。很多学生反映上数学课太累、太难，作业太多，对数学提不起兴趣。（3）教师授课风格的影响。有的数学教师讲课严谨认真，但比较古板，缺乏调动学生积极性和兴趣的手段。（4）重复学习。中学学习过高等数学内容的同学再次学习时会感觉乏味，无趣。（5）师生沟通不足。大学教师不坐班，上完课就走，与学生不熟悉，更缺乏必要的沟通，教学过程中容易出现问题，这些问题以及教师的态度反过来也直接影响学生学习高等数学的兴趣。

3. 学习方法机械

首先，中学数学教材内容少，且天天有数学课，教师会把解题步骤、技巧等讲得很细致，并配备大量练习来反复训练学生，使学生养成了过于依赖教师的习惯。其次，由于高考的压力，许多地方的中学在数学课上对学生进行反复训练，让学生像机器人一样精通各种题型，这种训练方式让学生误认为只要多刷题，用题海战术就可以学好数学。然而，大学的数学课容量大、教学速度快，内容相对中学数学来说更复杂抽象，而教师一般只是讲解典型例题，不会带领学生大量做题。学生如果还想像中学那样依赖教师搞题海战术、机械地做题，不但会非常辛苦，不能真正学懂数学，而且教师也不会配合。因此，许多学生抱怨数学课大学中最为“纠结”的一门课。那么怎样才能轻松学好高等数学？对于大学生来说，应明白大学数学不同于中学数学，尽快改正过分依赖教师、搞题海战术的学习方法。高校学生，尤其是新生应使自己尽快适应大班教学、长课时的授课方式，养成到课前预习、课后复习的习惯，认真听好每堂课，灵活掌握各个关键知识点，定期复习各章节的知识结构，及时将不会的问题解决掉。而对于教师而言，应教会学生如何科学支配好课堂及课下时间学习数学，教会学生根据一些典型例题掌握与之相关的一类题，从而学好整个知识点，让学生用尽可能少的时间学好数学。对于刚入学的新生，教师还可以在学生中成立学习小组，由助教或高年级的学生负责各个小组的学习和作业情况，高年级学生通过传授学习经验、方法等帮助新生尽快找到适合自己的学习方式。

4. **学生适应不同教师的能力差**

不同的教师会有不同的授课风格。有的教师幽默、风趣，有的则相对古板、严肃，有的教师喜欢在课堂上谈古论今，而有的教师则是满堂课的讲解大纲要求的知识。近几年，随着多媒体技术、计算机软件的普及应用，一些教师，尤其是年轻教师已开始将多媒体、计算机技术应用到了课堂上。他们的课堂风格新颖，趣味性更浓，高端的技术手段往往令学生们耳目一新，大大提高了数学课的趣味性。但也有一些教师，尤其是老教师还在沿用老的教学手段，一只粉笔走天涯。还有一个影响教师风格因素是语言，大部分高校教师的普通话都很标准，学生很容易接收知识信息，但也有些教师带有浓重的地方口音，学生听不懂，从而使得听课效果下降。总之，不同的教师会有不同的授课风格，而学生一般是以选课的形式修完所有数学课程，许多学生反映在每学期初的一个月由于不适应老师的讲课方式或口音而导致学习效果不好，虽然后来会慢慢适应，但开始阶段学习的一些基础性的知识不能很好掌握，这将直接影响后面的学习效果。

多媒体等教学手段应用得好确实可以提高教学效率，不能强制要求所有老师都把多媒体技术应用得好，也不能要求所有的教师都拥有纯正的普通话、具有幽默细胞，都在课堂上谈古论今显然也不实际。因此，我们一方面建议学生尽量选择相同的老师，这样可以省去适应阶段，直接进入自己所熟悉的学习状态。另一方面，建议各高校重视学生对教师的反馈意见，督促教师重视学生们的意见，尽自己所能将数学课上得清晰、生动，使学生在数学课上不仅能收获知识，也能收获快乐。

社会的不断发展为高校培养人才提出了更高的要求。高校，作为向社会输送人才的基地，应根据社会的发展不断调整培养学生的目标，使之更好地适应快速发展的社会。高校为更多的非数学专业的学生开设高等数学，就是希望学生能掌握一些数学方法、技能，提高他们分析问题、解决问题的能力。但是，在中学的教育方式，大学本身的管理方式以及学生自身的学习方法等因素的直接影响下，高等数学教学工作在开展过程中出现了很多问题，严重影响了教学质量。若想要提高高等数学的教学质量，提高学生的掌握知识、应用知识的能力，就必须解决这些问题。本节系统总结了现阶段我国高校在开展高等数学教学过程中比较常见的一些问题，对这些问题形成的原因逐一进行了分析，并针对这些问题给出了解决思路，希望这些分析能对教师和学生有所帮助。

第二节　高等数学教育现状

高等数学是指科学和工程大学开设的非数学专业的基础课程，对学生来说非常重要。然而，随着我国教育体制的不断改革，传统的高等数学教育类型逐渐不能满足学生自身和社会的需要。在此基础上，作者结合当前的教育现状，对如何提高高等数学的教育水平提出了一些建议。

1. 高等数学教育的现状

高等数学是理工大学中非常重要的基础学科，它的存在是必要的，但不可避免地存在一些不同的问题。例如，课程内容与实际应用程序严重不一致，学习内容与实际目标不匹配等等。因此，对高等数学的课程内容和教学方法应作相应的调整，以便今后与学生的实践工作相结合，充分发挥高等数学的应有效率。

（1）课程内容与实际应用程序不一致

对于那些刚刚接触过高等数学课程的学生来说，他们不太知道如何将他们相对枯燥的理论知识与实践实践中联系起来。高等数学教育的根本目的是让学生在课堂上尽可能多地掌握一些实践知识和常识，然后将这些知识应用到未来的生活和工作中。但从目前我国高等数学教学的现状来看，很少有学校能达到这个水平。

（2）的教学方法过于过时

受我国考试导向教育的影响，高校教师仍然采用最传统的“啃书”和“坏写”的教学方法。在这种情况下，学生只是盲目地置于被动的接受状态，没有机会和时间来锻炼他们的发散思维和创新能力。此外，由于条件的限制，一些多媒体高科技设备很少在课堂上应用，这极大地影响了高等数学现代化的发展速度。

目前，我国许多高校都在实施扩大招生的政策，这不仅大大降低了学生的整体素质水平，而且使已经不足的教师资源更加稀缺。其中，尤其是高等数学等基础科目，随着学生人数的突然增加，教师的基本上课时间也需要相应增加。然后是中国的“百人阶级”。从长远来看，学生们不能长期呆在这样的学习环境中。

2. 高等数学教育的改革战略

（1）对传统教学理念的创新

改革不仅针对学校，还针对国家教育部门和社会的文化环境。在改革中，教育机构应将高等数学的教育问题纳入科学研究领域，使许多来自各行各业的教育学者能够参与本研究的工作。此外，还需要从以下两个方面进行改革：一是充分把握行业现状和发展动态，然后适当调整当前的高等数学课程内容；二是要将教学大纲与实际位置的管理规范高度匹配，使学生能够进一步提高自己在课堂上的操作技能和应用水平。

（2）开展对学校教师的再教育

首先，我们要明确，传统教育改革的目的是提高学校的整体教学水平。教师不仅是学生学习的典范，也是学校教育水平最基本的保障。因此，只有拥有高能力、高素质、高水平的教师，才能充分发挥教育改革的最终意义。在今后的改革工作中，学校应进一步开展对学校教师的再教育，包括基础理论教育、道德教育、数学哲学、数学方法、教育思想和教育规范等。使教师能够一次又一次地充分认识到自己在学习中的不足，从而有效地提高自己的专业技术水平和个人成就。此外，在教师再教育课程中适当增加一些心理知识，帮助他们更好地了解学生的思想，为他们制定更合适的教学大纲。

学校管理人员应积极鼓励教师参加培训课程，使他们知道一个优秀的教师不仅需要有足够的专业知识储备，而且应具有高尚的道德品质和修养。只有教育人们而不忘记教育自己，才能在教育道路上越来越远，才能为国家和社会培养更多优秀人才。

（3）对传统教学方法的创新

如今，许多高校教师仍沉迷于传统的“全面”教学方法，在教授的课堂上难以解脱出来，不知道下面的学生已经走了。在此情况下，我们必须进一步创新传统的教学方法，并在课堂上引入尽可能多的多媒体设施。随着互联网和计算机的高度普及，教师也可以把这些宝贵的互联网材料放在课堂上。例如，教师可以利用内部网络作为媒介，创建一个名为“高等数学培训”的部分，他们可以根据课程内容添加一些著名教师的课堂视频和学生的课后练习。此外，学生还可以通过该系统与教师在线实时交流，及时将自己的问题反馈给教师。这种方法不仅缩短了师生之间的距离，而且使原来的单一、枯燥的传统教学方法变得更加多样化和有趣。

（4）考试方法的改革

“考试教育”，这种中国教育体系限制了高等数学教育水平的提高。在此基础上，学校可以尝试对考试方式进行一些调整，使学生在关注理论知识的同时，也可以考虑个人数学素质的培养。

建议我国教育部门取消高校期中和期末考试，实施集封闭式问答、纸质答辩、实验报告和课程评价为一体的多元化考核制度。要注重日常的小班考试，不仅可以消除学生对考试的恐惧，还可以锻炼他们的思维能力和获取信息的能力，从根本上提高学生对高等数学课程的热情。

第三节　高等数学教育的大众化

随着社会的发展，高等教育的普及已经成为现实，数学的重要性已经被人们所认识，数学的普及也逐渐被人们所接受。随着我国高校招生规模的大规模扩大，高等教育从精英教育转向大众教育，学生与数学基础的个体差异越来越大。因此，高等数学的教学不能是相同的模式或相同的要求。新的教育形式对传统的高等数学教学模式有很大的影响。原有的教学方法没有适应新的教育环境，必须进行改变，这将不可避免地导致大学阶段整体教学内容的更新，并简化单一学科教学的复杂性。

高等数学作为高校的基础课程，在学生逻辑思维能力的培养中起着非常重要的作用。随着时代的进步和科技的发展，各种知识的增长率越来越快，和高等数学基础课程的作用越来越明显，也吸引了越来越多的关注的专业和大专院校。不同专业的学生需要学习不同程度的高等数学，学生的反应相对冷漠，学习高等数学的热情一般不高，对学习的兴趣一般不强，甚至对学习的疲劳，也拒绝学习的心情。分析学生的高中入学考试和大学入学考试的结果，很容易发现大型学校和初级学院的学生，特别是大专，有数学基础知识较差，从小学到初中和高中学习质量培训不足。许多学生的阅读和地图绘制能力很低，他们结合数字和形状的能力相对缺乏。因为大专许多专业都是艺术和科学，有相当一部分学生，尤其是文科背景的学生，有错误的想法——高等数学是无用的理论，认为只要不是数学专业，高等数学在未来的工作中几乎是无用的。这种肤浅的理解导致这些学生缺乏探索高等数学的动机，在遇到学习困难时选择放弃，他们没有毅力和学习的决心。或者是当前问题的内容的高等数学教材，一般高等数学教材的理论、抽象、连贯性很强，太重理论和脱离现实，和现实生活中密切相关的实际问题不多，让学生无聊的感觉，很容易伤害学生的学习兴趣。要改变这种情况，只有教师才能努力改变传统的教学方法，教材、教学内容要贴近生活，教学语言要理解、简单、正确地处理直观与理论的关系、简单与深刻、比较与联系，努力使高等数学的普及、普及、生活。

第一，这个概念的普及

数学概念是一种反映数学对象本质性质的思维形式。它的定义方法是不同的、描述性的、指示性的、概念性的和类别上的差异。理解和掌握数学概念的基本性质以及理解所涉及的范围对这些概念的准确应用非常有好处。

高等数学与概念教学作为一门基础学科，是课程教学的基本内容和重要组成部分。学生理解高等数学的相关概念，有利于提高学生对高等数学的学习兴趣，也有利于学生理解、掌握和应用高等数学的相关知识。对于新生来说，要用强大的理论和抽象性来彻底理解高等数学的概念是不容易的。因此，教师应该使用一些简单的生活语言来教授与高级数学相关的概念，而与生活相关的能力可以更好地让学生理解。

例如，通过使用“-N”语言来定义数组限制，学生往往不能完全理解数学语言，或者它更难理解。此时，老师可以用生活语言来解释，有些学生关系很好，经常在一起，可以说是“亲密的”，也就是说，两个人之间没有距离。越来越近，或者两个人之间的距离越小。|an-a|”，当0时，表示an距离a的距离也可以认为是an无限接近A，或列An极限是A。

另一个例子是对函数连续性的理解。一般教材的使用限制是用“-”语言来定义的，对许多文科学生来说，限制本身是一个难以理解的概念，加上数学语言，也不容易理解。对于高校的非数学学生来说，只要他们能理解描述性的定义，就没有必要掌握极限的定义。一般来说，一个函数的图像对应于一条曲线，并且该函数在一个区间上是连续的，这意味着在这个区间上没有一个点是断开的。简单地说，这个区间上的函数的图像可以用笔画绘制，中间没有停顿。

第二，该定理的推广

一个定理包括条件和结论两部分。这个定理是一个反复证明的正确理论。在证明过程中，将条件和结论有机地联系在一起，然后设计学习定理，以更好地应用于解决各种难题。在高等数学中，定理及其应用占据了很大的空间。定理、公式和定律是概念的延续、复合和升华。一方面，对定理、公式和法律的理解有助于加深对概念的理解和掌握；另一方面，定理、公式和法律是理论与实践之间的桥梁，是学习数学以解决实际问题的重要方法和手段。在传统的高级数学教材中，用纯数学语言描述了定理和定理的证明。只有用大多数学生都能理解的通俗语言解释定理、公式和定律，才能更好地反映定理、公式和定律的重要性，以便于更好地应用定理、公式和定律。

例如，在研究闭区间上连续函数的性质时，理解了最值定理、根的存在性和一致连续性定理。学生用数学语言来描述它是不容易的，而且更难接受纯粹的理论证明过程。借助数字和形式组合方法，很容易理解函数象的定理。

在闭合间隔上连续的函数必须在该间隔上具有最大值和最小值。也就是说，如果函数f(x)在[a，b]上是连续的，那么至少有一个点[a，b]，所以y是f(x)在[a，b]上的最大值或最小值。这就像在桌面上建立一个直角坐标系，固定两个点，并用两点之间的线连接。此时，桌面可以看作是一个平面，连接这两点的线可以看作是一个函数的图像曲线。在这条线上总有一个最高点和一个最低点。这两点是固定的，线的长度是有限的。直线上的任何一个点的高度都在最高点和最低点之间。由于整条线没有断开，在最高点和最低点之间有一个对应的点，所以很容易理解中介定理。此时，如果两个不动点一个在水平轴上，一个在水平轴下，则一个函数值为正，一个为负，则至少有一点使直线与水平轴相交，即函数值为0，据此解释零点定理。

第三，该应用程序的推广

数学是通过解决生活中的问题而产生的，学习数学最终是为了回到解决现实生活中的问题。应用是学习高等数学的最终目标，也是学习数学的灵魂和本质。为了解决现实生活中的问题，我们一般需要有一定的理论基础。首先，将生活问题转化为数学问题，建立数学模型，通过数学公式解决数学问题，得出结论并将其应用于现实生活。在教材的处理，我们应该从后续课程的需要和现实生活的需要，充分介绍现实生活的应用，使学生能够理解学习高等数学可以解决我们生活中的问题，反映高等数学的重要性，从而提高学习的动机和意识。

大众教育模式下的高等数学教学不同于原来的精英教育模式。只有在教学过程中充分挖掘高等数学材料，才能不断缩短高等数学与普通人的距离。高等数学的普及要得到广大专业院校的接受和认可，教学内容与实际的生产和生活密切相关，真正反映了高等数学来自于生命，高于生命，最终服务于生命的本质。

第四节　高等数学教育中融入情感教育

在教学活动中，教师的课堂情感，可以对课堂教学质量产生重大影响，将情感教育纳入课程教学环节，对优化课堂教学，丰富课堂知识，促进学生的兴趣和全面发展，具有非常重要的意义和价值。高等数学在高等教育中处于基础地位，对每个学生，尤其是工科学生的思维方式有着重要的影响。因此，情感教育在高等数学教学环节中的整合具有明显的必然性和科学性。

一是情感教育在高等数学教育中的重要作用

在当今时代，随着国民经济的快速发展，高等教育的进程呈现出一种更加冲动和功利的现象，这一趋势和现状对高等数学教育产生了很大的影响。由于高等数学的学习和发展，具有一定的稳定性和困难，需要长期的坚持和磨练才能在高等数学的学习中取得突破。

将情感教育与高等数学教育相结合，有利于提高学生对高等数学学习的兴趣和积极性。在学习高等数学的过程中，学生对学习不太感兴趣的原因主要是由于“害怕困难”的心理和情感，也因为在学习高等数学的过程中很难获得成就感和自豪感。教师融入情感教育可以使学生在学习过程中设定特定的目标和一定的收获感，极大地提高他们对高等数学学习的兴趣和热情。

将情感教育与高等数学教育相结合，有利于增加学生对高等数学学习的投入。在高等数学学习的过程中，更多的学生能够应对这一现象。只有在课后完成练习或仅仅通过期末考试作为最终目标，而不是真正进入高等数学的学习。教师与情感教育的融合，可以让学生真正感受到高等数学的魅力，让学生真正把握和探索高等数学的内涵和本质。

情感教育与高等数学教育的整合，有助于鼓励学生理解高等数学学习的价值和作用，除了课堂教学外，教师还应关注学生的成长、发展和职业规划。在高等教育的过程中，学生的成长是一个全面的成长和发展的过程，他们在学习和生活中会遇到各种问题和难题。高等数学教师对学生成长和发展的关注，有利于帮助学生解决职业混乱，激发学生的学习动力。

二是将情感教育融入高等数学教育的必要条件

如上所述，高等数学在高等教育的联系和过程中具有特殊的意义。其教学内容包含在积分理论、极限思想、空间几何等，这些构成其他学科的重要基础和基础理论，利用高等数学的思想可以解决各种复杂的问题，数学家之前，没有哲学我们没有真正理解数学，如果没有数学我们不真正理解哲学，如何，所以我们的生活是毫无意义的。因此，必须在高等数学教育中整合情感教育，同时，整合情感教育在高等数学教育中也应具备以下条件。

高等数学教师应该非常热爱自己的职业和工作。如果高等数学教育者自己对他们的工作没有激情或热爱，那么将情感教育融入高等数学教育的先决条件就不存在了。教师是世界上最阳光灿烂的职业，兴趣也是最好的老师，尤其是高级数学老师，尤其要热爱自己的课堂和专业。

作为一名高等数学教师，他的基础理论知识和专业基础必须比较扎实。整合情感教育是为了提高知识教育的水平，一旦第一级没有做好或做得好，就不能提高到情感教育的水平。只有通过坚实的高等数学理论基础，我们才能实现跨学科研究高等数学等学科，建立一个系统的框架和知识系统，缩短学生之间的距离，教学知识的方法可以使学生容易接受和提高他们的热情。

三是将情感教育融入高等数学教育的重要途径

课堂教学，根据不同的教育环境和教育场所，可以分为室内教学和室外教学，在高等数学教育的过程中，虽然在绝大多数时间是室内教学，但课堂外的教师素质要求较高，在室内和室外，教师进入情感教育方法和表现形式是不一样的。

在课堂上，教师整合情感教育、反映情感在教育中的投资有三种重要途径：

首先，也是最基本的，教师应该熟练掌握他们所教的课堂知识，充分准备他们的课程，应该有深刻的学术造诣，只有这样他们才能真正教学生。

其次，教师在课堂教学中，充满感情，应注意教师的外表，不能在教学过程中不能表现出随机的教学态度。

最后，教师应努力在课堂教学中将理论与实践相结合，将更复杂的学术问题和理论困难与现实生活相结合，将现实生活中的问题作为教育教学的切入点，实现教学知识的最终目标。

在外部，教师融入情感教育、反映情感投入有三种重要途径：

首先，除了课堂教学外，教师还应该为学生回答问题，并与学生进行讨论和交流。在高等数学教育的过程中，教师往往几乎没有学生与教师之间的课后交流的现象。因此，教师有时间在课堂外与学生进行交流和讨论，这不仅有助于学生的学术和知识的提高，而且对促进师生之间的沟通，增强师生之间的情绪具有重要意义。

其次，在课堂教学中，教师应与师生与学生建立良好的关系，经常深入学生的学习和生活，引导学生学习和生活，缩短教师与学生之间的距离，可产生高等数学教育效果的良好教育，激发学生对高等数学学习的重要热情。

四是将情感教育与高等数学教育相结合的重要技能

（1）应注意师生之间的第一次接触

与学生的第一次接触是建立师生之间情感沟通和信任的重要措施，是实现情感教育整合的重要技能。学生对老师的第一印象决定了他们是否真的会接近老师，因此教师应该特别注意在学生面前的第一次展示。注意面部表情和语言表达，以充分的热情对待第一课，做好充分的准备，这也可以有效地为后续的情感融入教育奠定基础。

（2）应注意捕捉学生的兴趣点，并不断激发学生的学习兴趣

当代大学生的好奇心更加强烈。他们可以将数学知识与历史故事或历史上的奇妙现象结合起来，通过讲故事向相应的学生传授数学知识。把学生带入情境中，思考生活场景中的数学知识，感受到高等数学的独特魅力。

（3）培养学生学习数学的好习惯

让学生真正感受到学习高等数学的重要性，让学生能够感受到数学在学习其他学科的过程中所发挥的基本作用。我们可以感受到高等数学在构建学生思维模式和构建学生系统愿景中的作用，并努力为学生提供一个平台。

第五节 高等数学教育价值的缺失

为了更好地发挥高等数学的教育价值和教学作用，教师在今后的教育工作中应更加重视专业知识内涵的挖掘。本文从自己的角度出发，由于缺乏高等数学教育的价值，包括高等数学的教育价值、高数量教材的思想内涵、高数量教材的人文内涵等，以便于给全体同事提出一些参考意见。

高等数学教育是理工科大学大学生非常重要的基础学科。然而，由于我国当前考试导向型教育体系的影响，这些专业的许多教育工作者忽视了对高等数学价值和内涵的深刻挖掘。通过各种搜索，作者发现具有实际意义的研究结果数量较少，在该水平上仍有很大的进展空间。在此基础上，作者结合自己的经验，分析了高等数学中缺乏价值的现象，并试图总结了一些可行度高的对策。

一、是高等数学的教育价值

我国目前的高等数学教育体系尚未发展和成熟，加上该学科的历史研究文献太匮乏，不可能谈论教育价值的存在。那么，高等数学缺乏研究史的原因是什么呢？作者总结了以下三个原因：首先，目前我国高校的课程一般都很充实，所以教师没有时间和精力来学习该课程价值的历史；其次，我国大多数高校高等数学教师一般担任若干职位，虽然专业数学教师本身具有较高的专业技能和教育水平，但高等数学的教育经验不一定很丰富，这样就更难以开展高等数学教育课程的价值课程研究工作；最后，从我国教育现状来看，高等数学的教学内容与教学历史价值的研究工作不能紧密结合在一起。教师在告诉学生高等数学内容的价值时，不应该直接向学生灌输一些纯粹的理论内容，而应该利用数学历史的价值，让学生能够用实际的课程内容进行练习，从而达到提高学习热情的最终目标。

为了改变当前高等数学教育缺乏价值的现象，学校可以开设数学历史的选修课。但需要注意的是，如果这种方法不正确使用，数学历史课程将变得非常无聊，使学生对这门课程产生负面情绪，从而无法达到预期的教学效果。一个更合适的方法应该是将数学史的理论内容与高等数学课程紧密联系起来，并教会学生如何灵活地利用数学史来提高他们的学习能力。这种方法不仅可以提高学生对历史的洞察力，而且还可以提高他们对数学概念的理解。因此，教师需要明白，教学生数学历史的课程内容实际上是教他们如何学习高等数学的经验和价值。例如：当学生学习波的计算方法时，他们往往会对自己计算结果的无限特征非常感兴趣，教师可以充分利用它，让学生自己探索和发现真相。也许在开始的学生会觉得探索的过程让人感到非常困难和无聊，通过老师的一步一步指导，他们会逐渐接近谜语，当他们提出自己的想法和解决方案，老师可以及时教他们的历史数学家的解决问题的方法。

二、高数量教材思想内涵的深度

在开展高数量教学的过程中，有效地运用数学思维是一种有效的教学方法。为了使大学生从根本上理解高等数学的重要性和明确的价值，教师应该让他们深入理解数学思想在自主学习中的重要性。例如，在教授高数教材中的“定点”课程时，教育工作者们首先要向他们解释学习内容中可以使用的各种思维方式，如分割、接近、改变元素和改变元素等。其中一个主要的比较是标准化，它也可以称为不定积分。合理运用数学思维模式，不仅能充分调动学生的发散性思维模式，而且能使他们充分认识到深入挖掘教材内容的重要性。此外，由于学生自身的阅读能力和学习能力都不是很成熟，所以在解决复杂的证明问题时，不能正确地表现出最重要的思维方式。因此，教师应该充分考虑这个问题，并引用一些更典型的例子来帮助学生找到正确的思维方式。

三、深入挖掘高数量教材的人文内涵

高数教科书就像一个冰山之美，通常让人感觉难以接近，所以对于第一世界的大学生不能很舒服地理解其中所包含的人文氛围。基于这种情况，教师需要在原教学大纲中适当地增加一些人文内容，包括数学理论的来源和发展历史，数学家解决问题的想法的简要介绍，以及具体的生产和实践方法等。此外，在人文学科的教学内容中，还应展示学生克服数学问题所必需的毅力和坚持精神。例如，在告诉学生高数教科书中的要点主题时，有必要告知学生积分理论的理论来自牛顿和莱布尼茨研究的上三角特征理论。这两位伟大的数学家都以牺牲了他们与家人和朋友一起度过的无数美好时光为代价。后来，当积分理论被提出时，有许多学术研究正在争论这个数学理论的所有权，但牛顿和莱布尼茨并不同意，总是用一种有尊严的态度来面对来自外界的辩论和怀疑。通过这些内容的介绍，学生可以更珍惜当前学到的有价值的高数知识，深刻认识到今天的学习来自于历届科学家和学者的艰苦研究，从而使他们未来的高数学习生涯变得更加和谐和幸福。

第三章　高等数学教学理念

第一节　数学教学的发展理念

21 世纪是一个科技快速发展，国际竞争激烈的时代，科技竞争归根结底是人才的竞争。培养和造就高素质的科技人才已经成为全世界各国的教育改革中一个非常重要的目标。我国适时的在全国范围内开展了新课程的改革运动。社会在发展，科技在进步，大学是培养高素质人才的摇篮，大学数学教育也必须要满足社会快速发展的需要。所以新课程的教育理念、价值及内容都在不断地进行改革。

一、教学论的发展历史

数学课常给人产生一种错觉：数学家们几乎理所当然地在制定一系列的定理，使得学生被淹没在成串的定理中。从课本的叙述中，学生根本无法感受到数学家所经历的艰苦漫长的求证道路，感受不到数学本身的美。而通过数学史，教师可以让学生明白，数学并不枯燥呆板，而是一门不断进步的生动有趣的学科。所以，在数学教育中应该有数学史表演的舞台。

（一）东方数学发展史

在东方国家中，数学在古中国的摇篮里逐渐成长起来，中国的数学水平可以说是数一数二的，是东方数学的研究中心。

古人的智慧不容小觑，在祖先们的逐步摸索中，我们见识到了老祖宗从结绳记事到“书契”，再到写数字，在原始社会，每一个进步都要间隔上百年甚至上千年。春秋时期，祖先们能够书写 3000 以上的数字。逐渐的，他们意识到了仅仅是能够书写数字是不够的，于是便产生了加法与乘法的萌芽。与此同时，数学开始出现在书籍上。

战国时期出现了四则运算，《荀子》、《管子》、《周逸书》中均有不同程度的记载。乘除的运算在公元三世纪的《孙子算经》中有了较为详细的描述。现在多有运用的勾股定理亦在此时出现。算筹制度的形成大约在秦汉时期，筹的出现可谓是中国数学史上的一座里程碑，在《孙子算经》中有记载其具体算数的方法。

《九章算术》的出现可以说将中国数学推到了一个顶峰地位。它是古中国第一部专门阐述数学的著作，是《算经十书》中最重要的部分。后世的数学家在研习数学时，多是以《九章算术》启蒙。在隋唐时期就传入到了朝鲜、日本。其中最早出现了负数的概念，远远领先于其他国家。遗憾的是，从宋末到清初，由于战争的频繁，统治的思想理念等种种原因，中国的数学走向了低谷。然而，在此期间，西方的数学迅速发展，西方数学的成长将我国数学甩的很远。不过，我国也并非止步不前，至今很多人还在用的算盘出现在元末，随之而来出现了很多口诀及相关书籍，算盘，是数学历史上一颗灿烂的明珠。

16 世纪前后，西方数学被引入中国，中西方数学开始有了交流，然而好景不长，清政府闭关锁国的政策让中国的数学家们再一次坐井观天，只得对之前的研究成果继续钻研。这一时期，发生了几件大事，鸦片战争失败，洋务运动兴起，让数学中西合璧，此时的中国数学家们虽然也取得了一些成就，如幂级数等。然而，中国已不再独占鳌头。19 世纪末 20 世纪初，出现了留学高潮，代表人物有陈省身、华罗庚等人。此时的中国数学，已经带有了现代主义色彩。新中国成立以后，我国百废待兴，数学界也没有什么建树。随着郭沫若先生的《科学的春天》的发表，数学才开始有了起色，但我国的数学水平已然落后于世界。

（二）西方数学发展史

古希腊是四大文明古国之一，其数学发展在当时可谓万众瞩目。学派是当时数学发展的主流，各学派做出的突出的贡献改变了世界。最早出现的学派是以泰勒斯为代表的爱奥尼亚学派，毕达哥拉斯学派的初等数学，勾股定理。还有以芝诺为代表的悖论学派。在雅典有柏拉图学派，柏拉图推崇几何，并且培养出许多优秀的学生，比较为人熟知的有亚里士多德，亚里士多德的贡献并不比他的老师少，亚里士多德创办了吕园学派，逻辑学即为吕园学派所创立，同时也为欧几里得著的《几何原本》奠定了基础。《原本》是欧洲数学的基础，被认为是历史上最成功的教科书，在西方的流传广度仅次于《圣经》。它采用了逻辑推理的形式贯彻全书。哥白尼、伽利略、笛卡尔、牛顿等数学家都受《原本》的影响，而创造出了伟大的成就。

现今，我们在计数时普遍用的是阿拉伯数字。阿拉伯数学于 8 世纪兴起，15 世纪衰落，是伊斯兰教国家所建立的数学，阿拉伯数学的主要成就有一次方程解法，三次方程几何解法，二项展开式的系数等。在几何方面欧几里得的《原本》，13 世纪时，纳速拉丁首先从天文学里吧三角分割出来，让三角学成为一门独立的学科。从 12 世纪时起，阿拉伯数学渐渐渗透到了西班牙和欧洲。而 1096 年到 1291 年的十字军远征，让希腊、印度和阿拉伯人的文明，中国的四大发明传入了欧洲，由于意大利的有利的地理位置，从而迎来了新时代的到来。

到了17世纪，数学的发展实现了质的飞跃，笛卡儿在数学中引入了变量，成为数学史上一个重要转折点。英国科学家和德意志数学家分别独立创建了微积分。继解析几何创立后，数学从此开拓了以变数为主要研究方向的新的领域，它就是我们所熟知的“高等数学”。

（三）数学发展史与数学教学活动的整合

在计数方面，中国采用算筹，而西方则运用了字母计数法。不过受到文字和书写用具的约束，各地的计数系统有很大差异。希腊的字母数系简明、方便，蕴含了序的思想，但在变革方面很难有所提升，因此希腊实用算数和代数长期落后，而算筹在起跑线上占得了先机。不过随着时代的进步，算筹的不足之处也表露出来。可见凡事要用辩证的思想来看待事物的发展。自古以来，我国一直是农业大国，数学也基本上为农业服务，《九章算术》所记录的问题大多与农业相关。而中国古代等级制度森严，研究数学的大多是一些官职人员，人们逐渐安于现状，而统治者为了巩固朝政，也往往扼杀了一些人的先进思想。数学的发展与国家的繁荣昌盛息息相关。在西方，数学文化始终处于主导地位，随着经济的发展需要，对计算的要求日渐提高，富足的生活使得人们有更多的时间从事一些理论研究，各个学派学者们，乐于思考问题解决问题，不同于东方的重农抑商，西方在商业方面大大推进了数学的发展。

1. 数学史有助于教师和学生形成正确的数学观

纵观数学历史的发展，数学观经历了由远古的“经验论”到欧几里德以来的“演绎论”，再到现代的“经验论”与“演绎论”相结合而致“拟经验论”的认识转变过程。数学认识的基本观念也发生了根本的变化，由柏拉图学派的“客观唯心主”发展到了数学基础学派的“绝对主义”，又发展到拉卡托斯的“可误主义”、“拟经验主义”以及后来的“社会建构主义”。

因此，教师要为学生准备的数学，也就是教师要进行教学的数学就必须是：作为整体的数字，而不是分散、孤立的各个分支。数学教师所持有的数学观，与他在数学教学中的设计思想，与他在课堂讲授中的叙述方法以及他对学生的评价要求都有密切我的联系。通过数学教师传递给学生的任何一些关于数学及其性质给学生的任何一些关于数学及其性质细微信息，都会对学生今后去认识数学，以及数学在他们生活经历中的作用生深远的影响，也就是说，数学教师的数学观往往会影响学生的数学观的形成。

2. 数学史有利于学生从整体上把握数学

数学教材的编写由于受到诸多限制，教材往往按定义——公理——定理——例题的模式编写。这实际上是将表达的思维与实际的创造过程颠倒了，这往往给学生形成一种错觉，数学几乎从定理到定理，数学的体系结构完全经过锤炼，已成定局。数学彻底地被人为地分为一章一节，好像成了各自独立的堡垒，各种数学思想与方法之间的联系几乎难以找到。与此不同，数学史中对数学家们的创造思维活动过程有着真实的历史记录，学生从中可以了解到数学发展的历史长河，鸟瞰每个数学概念、数学方法与数学思想的发展过程，把握数学发展的整体概貌。这可以帮助学生从整体上把握自己所学知识在整个数学结构中的地位、作用，便于学生形成知识网络，形成科学系统。

3. 数学史有利于激发学生的学习兴趣

兴趣是推动学生学习的内在动力，决定着学生能否积极、主动地参与学习活动。笔者认为，如果能在适当的时候向学生介绍一些数学家的趣闻轶事或一些有趣的数学现象，那无疑是激发学生学习兴趣的一条有效途径。如阿基米德专心于研究数学问题而丝毫不知死神的降临，当敌方士兵用剑指向他时，他竟然只要求等他把还没证完的题目完成了再害他而已。又如当学生知道了如何作一个正方形，使其面积等于给定正方形两倍后，告诉他们倍立方问题及其神话中的起源——只有造一个两倍于给定祭坛的立方祭坛，太阳阿波罗才会息怒。这些史料的引入，无疑会让学生体会到数学并不是一门枯燥呆板的学科，而是一门不断进步的生动有趣的学科。

4. 数学史有利于培养学生的思维能力

数学史在数学教育中还有着更高层次的运用，那就是在学生数学思维的培养上。“让学生学会像数学家那样思维，是数学教育所要达到的目的之一。”数学一直被看成是思维训练的有效学科，数学史则为此提供了丰富而有力的材料。如，我们知道毕氏定理有 370 多种证法，有的证法简洁漂亮，让人拍案叫绝；有的证法迂回曲折，让人豁然开朗。每一种证法，都是一条思维训练的有效途径。如球体积公式的推导，除我国数学家祖冲之的截面法外，还有阿基米德的力学法和旋转体逼近法、开普勒的棱锥求和法等。这些数学史实的介绍都是非常有利于拓宽学生视野、培养学生全方位的思维能力的。

5. 数学史有利于提高学生的数学创新精神

数学素养是作为一个有用的人应该具备的文化素质之一。米山国藏曾指出：人们在初中、高中接受的数学知识，毕业进入社会后几乎没有什么机会应用这种作为知识的数学，所以通常是出门后不到一两年，很快就忘掉了。然而不管他们从事什么业务工作，那些深刻地铭刻于头脑中的数学精神、数学思维方法、数学研究方法、数学推理方法和着眼点等，却随时随地发生作用，使他们受益终身。

数学史是穿越时空的数学智慧。说它穿越时空，是因为它历史久远而涉足的地域辽阔无疆。就中国数学史而言，在《易・系辞》中就记载着：“上古结绳而治，后世圣人易之以书契”，据考证，在殷墟出土的甲骨文卜辞中出现的最大的数字为三万，作为计算工具的“算筹”，其使用则在春秋时代就已经十分普遍……列述这些并非是要费神去探寻数学发展的足迹，而是为了说明一个事实，数学的诞生和发展是紧密地伴随着中华民族的精神、智慧的诞生和发展的。

将数学发展史有计划、有目的、和谐地与数学教学活动进行整合是数学教学中一项细致、深入而系统的工作，并非是将一个数学家的故事或是一个数学发展史中的曲折事例放到某一个教学内容的后面那么简单。数学史要与教学内容在思想、观念上，从整体上、技术上保持一致性和完整性。学习研读数学史将使我们获得思想上的启迪、精神上的陶冶，因为数学史不仅能体现数学文化的丰富内涵、深邃思想、鲜明个性，还能从科学的思维方式、思想方法、逻辑规律等角度，培养人们科学睿智的智慧和头脑。数学史是丰富的、充盈的、智慧的、凝练的和深刻的，数学史在中学数学教学中的结合和渗透，是当前中学数学教学特别是高中数学教学应予重视和认真落实的一项教学任务。

二、我国数学教学改革概况

高等数学作为一门基础学科，已经广泛的渗透到自然科学和社会科学的各个分支，为科学研究提供了强有力的手段，使科学技术获得了突飞猛进的发展，也为人类社会的发展创造了巨大的物质财富和精神财富。高等数学作为高校的一门必修的基础课程，为学生学习后继的专业课程和解决现实生活中的实际问题提供了必备的数学基础知识、方法和数学思想。近年来，虽然高等数学课程的教学已经进行了一系列的改革，但受传统教学观念的影响，仍存在一些问题，这就需要教育工作者，尤其是数学教育工作者，在这方面进行不懈的探索、尝试与创新。

（一）高校高等数学教学的现状

（1）近年来，由于不断的扩招，一些基础较差的学生也进入了高校，学生的学习水平和能力变得参差不齐。

（2）教师对数学的应用介绍得不到位，与现实生活严重脱节，甚至没有与学生后继课程的学习做好衔接，从而给学生造成一种“数学没用”的错觉。

（3）高校在高等数学教学中教学手段相对落后，很多教师抱着板书这种传统的教学手段不放，在课堂上不停地说、写和画，总怕耽误了课程进度。在这种教学方式的束缚下，学生思考和理解很少，不少学生面对复杂、冗长的概念、公式和定理望而生畏，难以接受，渐渐地，教学缺乏了互动性，学生也失去了学习的兴趣。

（二）高等数学教学的改革措施

1. 高等数学与数学实验相结合，激发学生的学习兴趣

传统的高等数学教学中只有习题课，没有数学实验课，这不利于培养学生利用所学知识和方法解决实际问题的能力。如果高校开设数学实验课，有意识地将理论教学与学生实践结合起来，变抽象的理论为具体，使学生由被动接受转变为积极主动参与，激发学生学习本课程的兴趣，培养学生的创造精神和创新能力。在实验课的教学中，可以适量介绍 MATLAB、MATHEMATIC、LINGO、SPSS、SAS 等数学软件，使学生在计算机上学习高等数学，加深对基本概念、公式和定理的理解。比如，教师可以通过实验演示函数在一点处的切线的形成，以加深学生对导数定义的理解。还可以通过在实验课上借助 MATHEMATIC 强大的计算和作图功能，来考察数列的不同变化情况，从而让学生对数列的不同变化趋势获得较为生动的感性认识，加深对数列极限的理解。

2. 合理运用多媒体辅助教学的手段，丰富教学方法

我国已经步入大众化的教育阶段，在高校高等数学课堂教学信息量不断增大，而教学课时不断减少的情况下，利用多媒体进行授课便成为一种新型的和卓有成效的教学手段。

利用多媒体技术服务于高校的高等数学教学，改善了教师和学生们的教学环境，教师不必浪费时间用于抄写例题等工作，可以将更多的精力投入到教学的重点、难点的分析和讲解中，不但增加了课堂上的信息量，还提高了教学效率和教学质量。教师在教学实践中采用多媒体辅助教学的手段，创设直观、生动、形象的数学教学情景，通过计算机图形显示、动画模拟、数值计算及文字说明等，形成了一个全新的图文并茂、声像结合、数形结合的教学环境，加深了学生对概念、方法和内容的理解，有利于激发学生的学习兴趣和思维能力，从而改变了以前较为单一枯燥的讲解和推导的教学手段，使学生积极主动地参与到教学过程中。例如，教师在引入极限、定积分、重积分等重要概念，介绍函数的两个重要极限，切线的几何意义时，不妨通过计算机作图对极限过程做一下动画演示，讲函数的傅立叶级数展开时，通过对某一函数展开次数的控制，观看其曲线的按拟合过程。学生会很容易接受。

3. 充分发挥网络教学的作用，建立教师辅导、答疑制度

随着计算机和信息技术的迅速发展，网络教学的作用日益重要，逐渐成为学生日常学习的重要组成部分。教师的教学网站、校园教学图书馆等，是学生经常光临的第二课堂。每个学生都可以上网查找、搜索自己需要的资料，查看教师的电子教案，并通过电子邮件，网上教学论坛等进行相互交流与探讨。教师可以将电子教案、典型习题解答、单元测试练习、知识难点解析、教学大纲等发布到网站上供学生自主学习，

还可以在网站上设立一些与数学有关的特色专栏，向学生介绍一些数学史知识、数学研究的前沿动态以及数学家的逸闻趣事，激发学生学习数学的兴趣，启发学生将数学中的思想和方法自觉应用到其他科学领域。

对于学生在数学论坛、教师留言板中提出的问题，教师要及时解答，并抽出时间集中辅导共同探讨，通过形成制度和习惯，加强教师的责任意识，引导学生深入钻研数学内容，这对学生学习的积极性和教学效果有着重要影响。

4. 在教学过程中渗透专业知识

如果高等数学教学只是一味地讲授数学理论和计算，而对学生后继课程的学习置若罔闻，就会使学生感到厌倦，学习积极性就不高，教学质量就很难保证。任课教师可以结合学生的专业知识进行讲解，培养学生运用数学知识分析和处理实际问题的能力，进而提升学生的综合素质，满足后继专业课程对数学知识的需求。比如，教师在机电类专业学生的授课中，第一堂课可以引入电学中几个常用的函数；在导数概念讲解完之后立即介绍电学中几个常用的变化率（如电流强度）模型的建立；作为导数的应用，介绍最大输出功率的计算；在积分部分，加入功率的计算等等。

总之，高等数学教学有自身的体系和特点，任课教师必须转变自己的思想，改进教学方法和手段，提高教学质量，充分发挥高等数学在人才培养中应有的作用。

三、我国基础教育数学课程改革概要

改革开放以来，我国社会主义建设取得了巨大成就和发展。我国教育进入了新的发展阶段，不仅实现高等教育大众化，中等教育、高等数学教育也陆续取得好的发展，基础教育更是受到国家和政府的重视。但是，在取得成就之时，我国教育也相应地产生了一些问题，于是教育改革逐渐进入人们视野。近些年，我国对基础教育的新课程改革引起了教育界和社会很大的关注。加快构建符合当下素质教育要求的基础教育新课程也自然成为全面推进基础教育及素质教育发展的关键环节。回顾近十年来我国对基础教育做出的新课程改革，既取得了可喜的成就，也反映出一些问题，这就需要我们在改革的同时不断回顾思考，以取得更好的完善进步。

（一）基础教育新课程改革的成就

新课程改革在课程开发、课程体系和内容等方面进行了较大调整，都更好地来适应学生对于知识的掌握和对课程的学习巩固。在课程开发方面，新课程改革明确了课程开发的三个层次：国家、地方和学校。国家总体规划并制定课程标准。地方依据国家课程政策和本地实际情况，规划地方课程。学校则根据自身办学特点和资源条件，调动校长、教师、学生、课程专家等共同参与课程计划的制定、实施和评价工作。在课程体系方面，新课程改革表现为均衡性、综合性和选择性。在设置的九年义务教育课程中，对教育内容进行了更新，减少了课程门类，更加强调学科综合，并构建社会科学与自然科学等综合课程，如在普通高中阶段设置的语言与文学、数学、人文与社会、科学、技术、艺术、体育与健康和综合实践活动八个学习领域。

新课程改革集中体现了“以人为本”，“以学生为本”。新课改强调学习者应积极参与并主动建构。在对知识建构过程中，强调对学生主动探究的学习方法的倡导，使学生在新课程中不再是传统教育中的完全被动接受者，而是转为了真正意义上的知识建构者和主动学习者。教师在学生学习的过程中不再是外在的专制者，而是促进学生掌握知识的引导者和合作者。这种平等和谐的师生互动以及生生互动都极好的促进了学生对于课程的学习和对知识的掌握，也更好地推动教学的开展实施。

新课程改革不仅强调学生对于知识的掌握，而且注重学生的品德发展，做到科学与人文并重，并注重对学生个性的培养发展。新课程改革在素质教育思想的指导下，对学生的评价内容从过分注重学业成绩转向注重多方面发展的潜力，关注学生的个别差异和发展的不同需求，力求促进每位学生的发展能与自己的志趣相联系。

（二）基础教育新课程改革的问题

（1）新课程改革的课程体系略有些复杂，这在一定程度上不利于部分教师对新课程的把握和讲解，尤其是一些老教师。面对新课程改革，部分教师反应会表示不很顺手，甚至会陷入行动的“盲区”，教师要花费更多的时间精力研究新课改，适应新课改的教学方法，这给教师增添了比较大的负担。

（2）由于新课程改革强调学生主体地位的加强，强调师生关系的平等性，这也使部分教师一时无法适应角色的转变，在具体的课堂教学中，短时间内并不能很好的将其运用实践。

（3）在教师培养方面，目前师范院校的毕业生不能马上上岗，需培训一到两年，并且他们能否承担起实施新课程的任务，这也还是一大考验。而当前我国对高素质高能力教师的需求又比较大，因此在新课改实施过程中，教师的入职成为一大问题。

（三）基础教育新课程改革的建议

（1）面对新课程改革，教师不仅要丰富知识，还应该不断充实自我，逐渐改变以往的教学观念和教学方法。教师要从过去对知识的权威和框架限制中走出来，在课堂上真正的和学生共同学习共同探讨，重视研究型学习。学校要重视广纳贤才。学校领导班子在认真分析本校教师素质状况基础上，可以为教师组织新课程培训，以加强教师理论学习，并能在实践中领会贯彻新课程改革精神，融会贯通。学校可以组织教师观看新课程影碟观摩课，派骨干教师走出去参加培训学习，在全校范围内开展走进新课程的讨论、演讲比赛，也可以相应开展一些教师论坛，讨论教师对新课改的认识和体会等。

（2）对于部分落后的农村地区以及条件设施差的学校，新课程改革还不能很好的开展实施。在这种情况下，这些学校一方面可以向上级政府和教育主管部门申请教学资金，另一方面要鼓励广大师生积极行动起来，自己能做的教具学具就自己做，互帮互助，资源共享，以更好改善办学条件，推动新课改的实施。

基础教育新课程改革强调建立能充分体现学生学习主体性和能动性的新型学习方式，这不仅有利于学生的全面发展，而且很好地适应了我国素质教育的要求。在基础教育新课程改革这条道路上，我们要不断的回顾思考并总结完善，以使新课改能够走得更远更强。

第二节　弗赖登塔尔的数学教育理念

一、弗赖登塔尔数学教育思想的认识

弗赖登塔尔的数学教育思想主要体现在对数学教育的认识上。他认为数学教育的目的应该是与时俱进的，并应针对学生的能力来确定，数学教学应遵循创造原则、数学化原则和严谨性原则。

（一）弗赖登塔尔对数学的认识

1. 数学发展的历史

弗赖登塔尔强调："数学起源于实用，它在今天比以往任何时候都更有用！但其实，这样说还不够，我们应该说：倘若无用，数学就不存在了。"从其著作的论述中我们可以看到，任何数学理论的产生都有其应用需求，这些"应用需求"对数学的发展起了推动作用。弗赖登塔尔强调：数学与现实生活的联系，其实也就要求数学教学从学生熟悉的数学情景和感兴趣的事物出发，从而更好地学习和理解数学，并要求学生能够做到学以致用，利用数学来解决实际中的问题。

2. 现代数学的特征

（1）数学的表达。弗赖登塔尔在讨论现代数学的特征的时候首先指出它的现代化特征是："数学表达的再创造和形式化的活动。"其实数学是离不开形式化的，数学更多时候表达的是一种思想，具有含义隐性、高度概括的特点，因此需要这种含义精确、高度抽象、简洁的符号化表达。

（2）数学概念的构造。弗赖登塔尔指出，数学概念的构造是从典型的通过"外延性抽象”到实现“公理化抽象”。现代数学越来越趋近于公理化，因为公理化抽象对事物的性质进行分析和分类，能给出更高的清晰度和更深入的理解。

（3）数学与古典学科之间的界限。弗赖登塔尔认为：“现代数学的特点之一是它与诸古典学科之间的界限模糊。”首先，现代数学提取了古典学科中的公理化方法，然后将其渗透到整个数学中；其次是数学也融入于别的学科之中，其中包括一些看起来与数学无关的领域也体现了一些数学思想。

（二）弗赖登塔尔对数学教育的认识

1. 数学教育的目的

弗赖登塔尔围绕数学教育的目的进行了研究和探讨，他认为数学教育的目的应该是与时俱进的，而且应该针对学生的能力来确定。他特别研究了以下几个方面：

1. 应用

弗赖登塔尔认为：“应当在数学与现实的接触点之间寻找联系。”而这个联系就是数学应用于现实。数学课程的设置也应该与现实社会联系起来，这样学习数学的学生才能够更好地走进社会。其实，从现在计算机课程的普及可以看出，弗赖登塔尔这一看法是经得起实践考验的。

2. 思维训练

弗赖登塔尔对“数学是否是一种思维训练？”这一问题感到棘手，尽管其意愿的答案是肯定的。但更进一步，他曾给大学生和中学生提出了许多数学问题，其测试的结果是，在受过数学教育以后，对那些数学问题的看法、理解和回答均大有长进。

3. 解决问题

弗赖登塔尔认为：数学之所以能够得到高度的评价，其原因是它解决了许多问题。这是对数学的一种信任。而数学教育自然就应当把“解决问题”作为其又一目的，这其实也是实践与理论的一种结合。从现在的评价与课程设计等中都可以看出这一数学的教育目的。

2. 数学教学的基本原则

（1）再创造原则。弗赖登塔尔指出：“将数学作为一种活动来进行解释和分析，建立这一基础之上的教学方法，我称之为再创造方法。”再创造是整个数学教育最基本的原则，适用于学生学习过程的不同层次，应该使数学教学始终处于积极、发现的状态。笔者认为“情景教学”与“启发式教学”就遵循了这么一种原则。

（2）数学化原则。弗赖登塔尔认为：数学化不仅仅是数学家的事，也应该被学生所学习，用数学化组织数学教学是数学教育的必然趋势。他进一步强调：“没有数学化就没有数学，特别是，没有公理化就没有公理系统，没有形式化也就没有形式体系。”这里，可以看出弗赖登塔尔对夸美纽斯倡导的“教一个活动的最好方法是演示，学一个活动最好的方法是做。”是持赞同意见的。

（3）严谨性原则。弗赖登塔尔将数学的严谨性定义为：“数学可以强加上一个有力的演绎结构，从而在数学中不仅可以确定结果是否正确，而且甚至可以确定结果是否已经正确地建立起来。”严谨性是相对于具体的时代、具体的问题来作出判断；严谨性有不同的层次，每个问题都有相应的严谨性层次，要求老师教学生通过不同层次的学习来理解并获得自己的严谨性。

二、弗赖登塔尔数学教育思想的现实意义

弗赖登塔尔（1905—1990）是荷兰著名的数学家和数学教育家，公认的国际数学教育权威，他于20世纪50年代后期发表的一系列教育著作在当时的影响遍及全球。虽历经半个多世纪的历史洗涤，但弗翁的教育思想在今天看来却依然熠熠生辉，历久弥新。今天我们重温弗翁的教育思想，发现新课程倡导的一些核心理念，在弗翁的教育论著中早有深刻阐述。因此，领悟并贯彻弗翁的教育思想，对于今天的课堂教学仍然深具现实意义。身处课程改革中的数学教育同仁们，理当把弗翁的教育思想奉为经典来品味咀嚼，从中汲取丰富的思想养料，获得教学启示，并能积极践行其教育主张。

（一）“数学化”思想的内涵及其现实意义

弗赖登塔尔把“数学化”作为数学教学的基本原则之一，并指出：“……没有数学化就没有数学，没有公理化就没有公理系统，没有形式化也就没有形式体系。……因此数学教学必须通过数学化来进行。”弗翁的“数学化”，一直被作为一种优秀的教育思想影响着数学教育界人士的思维方式与行为方式，对全世界的数学教育都产生了极其深刻的影响。

何为“数学化”？弗翁指出：“笼统地讲，人们在观察现实世界时，运用数学方法研究各种具体现象，并加以整理和组织的过程，我称之为数学化。”同时他强调数学化的对象分为两类，一类是现实客观事物，另一类是数学本身。以此为依据，数学划分为横向数学化和纵向数学化。横向数学化指对客观世界进行数学化，它把生活世界符号化，其一般步骤为：现实情境—抽象建模—一般化—形式化。今天新课程倡导的教学模式就是遵循这四个阶段进行的。纵向数学化是指横向数学化后，将数学问题转化为抽象的数学概念与数学方法，以形成公理体系与形式体系，使数学知识体系更系统、更完美。

目前一些教师或许是教育观念上还存在偏差，或许是应试教育大环境引发的短视

功利心的驱动，常把数学化（横向）的四个阶段简化为最后一个阶段，即只重视数学化后的结果——形式化，而忽略得到结果的“数学化”过程本身。斩头去尾烧中段的结果，是学生学得快但忘得更快。弗赖登塔尔批评道：这是一种“违反教学法的颠倒”。也就是说，数学教学绝不能仅仅是灌输现成的数学结果，而是要引导学生自己去发现和得出这些结果。许多专家持同样观点，美国心理学家戴维斯就认为：在数学学习中，学生进行数学工作的方式应当与做研究的数学家类似，这样才有更多的机会取得成功。笛卡尔与莱布尼兹说：“……知识并不是只来自于一种线性的，从上演绎到下的纯粹理性……，真理既不是纯粹理性，也不是纯粹经验，而是理性与经验的循环。”康德说：“没有经验的概念是空洞的，没有概念的经验是不能构成知识的。”

“纸上得来终觉浅，绝知此事要躬行”，“数学化”方式使学生的知识源自现实，也就容易在现实中被触发与激活。“数学化”过程能让学生充分经历从生活世界到符号化、形式化的完整过程，积累“做数学”的丰富经验，收获知识、问题解决策略、数学价值观等多元成果。另一方面，“数学化”对学生的远期与近期发展兼具重大意义。从长远看，要使学生适应未来的职业周期缩短、节奏加快、竞争激烈的现代社会，使数学成为整个人生发展的有用工具，就意味着数学教育要给学生除知识外的更加内在的东西，这就是数学的观念、用数学的意识。因为学生如果不是在与数学相关的领域工作，他们学过的具体数学定理、公式和解题方法大多是用不上的，但不管从事什么工作，从“数学化”活动中获得的数学式的思维方式与看问题的着眼点，把现实世界转化为数学模式的习惯，努力揭示事物本质与规律的态度等等，却会随时随地发生作用。

张奠宙先生曾举过一例，一位中学毕业生在上海和平饭店做电工，从空调机效果的不同，他发现地下室到 10 楼的一根电线与众不同，现需测知其电阻。在别人因为距离长而感到困难的时候，他想到对地下室到 10 楼的三根电线进行统一处理。在 10 楼处将电线两两相接，在地下室分三次测量，然后用三元一次方程组计算出了需要的结果。这位电工后来又做过几次类似的事情，他也因此很快得到了上级的赏识与重视。这位电工解决问题的方法，并不完全是曾经做过类似数学题的方法，而是得益于他用数学的意识。在现实生活中，有了数学式的观念与意识，我们就总想把复杂问题转化为简单问题，就总是试图揭示出面临问题的本质与规律，就容易经济高效地处理问题，从而凸显出卓尔不群的才干，进而提高我们工作与生活的品质。

从近期讲，经历“数学化”过程，让学生亲历了知识形成的全过程，且在获取知识的过程中，学生们要重建数学家发现数学规律的过程，探究中对前行路径的自主猜测与选择、自主分析与比较、在克服困境中的坚守与转化、在发现解决问题的方法时获得智慧的满足与兴奋、在历经挫折后对数学式思维的由衷欣赏，以及由此产生的对于数学情感与态度方面的变化，无一不是“数学化”带给学生生命成长的丰厚营养。波利亚说：只有看到数学的产生，按照数学发展的历史顺序或亲自从事数学发现时，才能最好地理解数学。同时，亲历形成过程得到的知识，在学生的认知结构中一定处于稳固地位，记忆持久，调用自如，迁移灵活。从而十分有利于学生当下应试水平的提高。除知识外，学生在“数学化”活动中将缄默地收获到包含数学史、数学审美标准、元认知监控、反思调节等多元成果，这些内容不仅有益于加深学生对数学价值的认识，更有益于增强学生的内部学习动机，增强用数学的意识与能力，这绝不只是向学生灌输成品数学所能达到的效果。

（二）“数学现实”思想的内涵及其现实意义

新课程倡导引入新课时，要从学生的生活经验与已有的数学知识处抛锚创设情境，这种观点，早在半个世纪前的弗翁教育论著中已一再涉及。弗翁强调，教学“应该从数学与它所依附的学生亲身体验的现实之间去寻找联系”，并指出，“只有源于现实关系，寓于现实关系的数学，才能使学生明白和学会如何从现实中提出问题与解决问题，如何将所学知识更好地应用于现实”。弗翁的“数学现实”观告诉我们，每个学生都有自己的数学现实，即接触到的客观世界中的规律以及有关这些规律的数学知识结构。它不但包括客观世界的现实情况，也包括学生使用自己的数学能力观察客观世界所获得的认识。教师的任务在于了解学生的数学现实并不断地扩展提升学生的“数学现实”。

“数学现实”思想，让我们知晓了创设情境的真正教学意图及创设恰当情境对于教学的重要意义。首先，情境应该源于学生的生活常识或认知现状，前者的引入方式可以摆脱机械地灌输概念的弊端，现实情境的模糊性与当堂知识联系的隐蔽性更有利于学生进行“数学化”活动，有利于学生主意自己拿，方法自己找，策略自己定，有利于学生逐步积淀形成正确的数学意识与观念；后者是学生进行意义建构的基本要求。其次，教师有效教学的必要前提，是了解学生的数学现实，一切过高与过低的、与学生数学现实不吻合的教学设计必定不会有好的教学效果。由此我们也就理解了新数运动失败的一个重要原因，是过分拔高了学生的数学现实；同时也就理解了为什么在课改之初，一些课堂数学活动的“幼稚化”会遭到一些专家的诟病，就是因为没有结合学生的数学现实贴船下篙。“如果我不得不把全部教育心理学还原为一条原理的话，我将会说，影响学习的唯一最重要因素是学习者已经知道了什么。”奥苏贝尔的话恰好也道出了“数学现实”对教学的重要意义。

（三）“有指导的再创造”思想的内涵及其现实意义

1.“有指导的再创造”中“再”的意义及启示

弗赖登塔尔倡导按“有指导的再创造”的原则进行数学教学，即要求教师要为学生提供自由创造的广阔天地，把课堂上本来需要教师传授的知识、需要浸润的观念变为学生在活动中自主生成、缄默感受的东西。弗翁认为，这是一种最自然、最有效的学习方法。这种以学生的“数学现实”为基础的创造学习过程，是让学生的数学学习重复一些数学发展史上的创造性思维的过程。但它并非亦步亦趋地沿着数学史的发展轨迹，也让学生在黑暗中慢慢地摸索前行，而是通过教师的指导，让学生绕开历史上数学前辈们曾经陷入的困境和僵局，避免他们在前进道路上所走过的弯路，浓缩前人探索的过程，依据学生现有的思维水平，沿着一条改良修正的道路快速前进。所以，“再创造”的“再”的关键是教学中不应该简单重复当年的真实历史，而是要结合当初数学史的发明发现特点，结合教材内容，更要结合学生的认知现实，致力于历史的重建或重构。弗翁的理由是：“数学家从来不按照他们发现、创造数学的真实过程来介绍他们的工作，实际上经过艰苦曲折的思维推理获得的结论，他们常常以‘显而易见’或是‘容易看出’轻描淡写地一笔带过；而教科书则做得更彻底，往往把表达的思维过程与实际创造的进程完全颠倒，因而完全阻塞了‘再创造的通道’。”

我们不难看到，今天的许多常规课堂，由于课时紧、自身水平有限、工作负担重、应试压力大等原因，教师们常常喜欢用开门见山、直奔主题的方式来进行，按“讲解定义—分析要点—典例示范—布置作业”的套路教学，学生则按“认真听讲—记忆要点—模仿题型—练习强化”的方式日复一日地学习。然而，数学课如果总是以这样的流程来操作，学生失去的，将是亲身体验知识形成中对问题的分析、比较，对解决问题中策略的自主选择与评判，对常用手段与方法的提炼反思的机会。杜威说：“如果学生不能筹划自己解决问题的方法，自己寻找出路，他就学不到什么，即使他能背出一些正确的答案，百分之百正确，他还是学不到什么。”其实，学习数学家的真实思维过程对学生数学能力的发展至关重要。张乃达先生说得好：“人们不是常说，要学好学问，首先就要学做人吗？在数学学习中，怎样学习做人？学做什么样的人？这当然就是要学做数学家！要学习数学家的‘人品’。而要学做数学家，当然首先就要学习数学家的眼光！”这只能从数学家“做数学”的思维方式中去学习。

德摩根就提倡这种“再创造”的教学方式。他举例说，教师在教代数时，不要一下子把新符号都解释给学生，而应该让学生按从完全书写到简写的顺序学习符号，就像最初发明这些符号的人一样。庞加莱认为：“数学课程的内容应完全按照数学史上同样内容的发展顺序展现给读者，教育工作者的任务就是让孩子的思维经历其祖先之所经历，迅速通过某些阶段而不跳过任何阶段。”波利亚也强调学生学习数学应重新经历人类认识数学的重大几步。

例如，从 1545 年卡丹讨论虚数并给出运算方法，到 18 世纪复数广为人们接受，经历了 200 多年时间，其间包括大数学家欧拉都曾认为这种数只存在于“幻想之中”。教师教授复数时，当然无须让学生重复当初人类发明复数的艰辛漫长的历程，但可以把复数概念的引入，也设计成当初数学家遇到的初始问题，即“两数的和是 10，积是 40，求这两数”，让学生面临当初数学家同样的困窘。这时教师让学生了解从自然数到正分数、负整数、负分数、有理数、无理数、实数的发展历程，以及数学共同体对数系扩充的规则要求。启发学生，对于前面的每一种数都找到了它的几何表征并研究其运算，那么复数呢，能否有几何表征方式？复数的运算法则又是什么样的？……这样的教学，既避免了学生无方向的低效摸索，又让学生在教师的科学有效的引导下，像数学家一样经历了数学知识的创造过程。在这一过程中，学生获得的智能发展，远比被动接受教师传授来得透彻与稳固。正如美国谚语所说：我听到的会忘记，看到的能记住，唯有做过的才入骨入髓。

2.“有指导的再创造”中“有指导”的内涵及现实意义

弗翁认为，学生的“再创造”，必须是“有指导”的。因为，学生在“做数学”的活动中常处于结论未知、方向不明的探究环境中。若放任学生自由探究而教师不作为，学生的活动极有可能陷入盲目低效或无效境地。打个比方，让一个盲人靠自己的摸索到他从来没有去过的地方，他或许花费太多的时间，碰到无数的艰辛，通过跌打滚爬最终能到达目的地，但更有可能摸索到最后还是无功而返。如果把在探索过程中的学生比喻为看不清知识前景的盲人，教师作为一个知识的明眼人，就应该始终站在学生身后的不远处。学生碰到沟壑，教师能上前牵引他；当他走反了方向时，上前把他指引到正确的道路上来，这就是教师“有指导”的意义。另外，并不是学生经过数学化活动就能自动产生精致化的数学形式定义。事实上，数学的许多定义是人类经过上百年、数千年，通过一代代数学家的不断继承、批判、修正、完善，才逐步精致严谨起来的，想让学生自己通过几节课就总结出形式化概念是不可能的。所以说，学生的数学学习，更主要还是一种文化继承行为。弗翁强调“指导再创造意味着在创造的自由性与指导的约束性之间，以及在学生取得自己的乐趣和满足教师的要求之间达到一种微妙的平衡”。当前教学中有一种不好的现象，即把学生在学习活动中的主体地位与教师的必要指导相对立，这显然与弗翁的思想相背离。当然，教师的指导最能体现其教学智慧，体现在何时、何处、如何介入到学生的思维活动中。

（1）如何指导——用元认知提示语引导。在“做数学”的活动中，对学生启发的最好方式是用元认知提示语，教师要根据探究目标隐蔽性的强弱，知识目标与学生认知结构潜在距离的远近，设计暗示成分或隐或显的元认知问题。一个优秀的教师一定是善用元认知提示语的教师。

（2）何时指导——在学生处于思维的迷茫状态时。不给学生充分的活动时空，不让学生经历一段艰难曲折的走弯路的过程，教师就介入到活动中，这不是真正意义上的“数学化”教学。在教师的过早干预下，也许学生知识、技能学得快一些，但学生学得快忘得更快。所以，教师只有在学生心求通而不得时点拨，在学生的思维偏离了正确的方向时引领，才能充分发挥师生双方的主观能动性，让学生在挫折中体会出数学思维的特色与数学方法的魅力。

第三节　波利亚的解题理念

乔治·波利亚（George Polya，1887—1985），美籍匈牙利数学家，20 世纪举世公认的数学教育家，享有国际盛誉的数学方法论大师。他在长达半个世纪的数学教育生涯中，为世界数学的发展立下了不可磨灭的功勋。他的数学思想对推动当今数学教育的改革与发展仍有极大的指导意义。

一、波利亚数学教育思想概述

（一）波利亚的解题教学思想

波利亚认为“学校的目的应该是发展学生本身的内蕴能力，而不仅仅是传授知识”。在数学学科中，能力指的是什么？波利亚说：“这就是解决问题的才智——我们这里所指的问题，不仅仅是寻常的，它们还要求人们具有某种程度的独立见解、判断力、能动性和创造精神。”他发现，在日常解题和攻克难题而获得数学上的重大发现之间，并没有不可逾越的鸿沟。要想有重大的发现，就必须重视平时的解题。因此，他说“，中学数学教学的首要任务就是加强解题的训练”，通过研究解题方法看到“处于发现过程中的数学”。他把解题作为培养学生数学才能和教会他们思考的一种手段与途径。这种思想得到了国际数学教育界的广泛赞同。波利亚的解题训练不同于“题海战术”，他反对让学生做大量的题，因为大量的“例行运算”会“扼杀学生的兴趣，妨碍他们的智力发展”。因此，他主张与其穷于应付烦琐的教学内容和过量的题目，还不如选择一个有意义但又不太复杂的题目去帮助学生深入发掘题目的各个侧面，使学生通过这道题目，就如同通过一道大门而进入一个崭新的天地。

比如，“证明根号 2 是无理数”和“证明素数有无限多个”就是这样的好题目，前者通向实数的精确概念，后者是通向数论的门户，打开数学发现大门的金钥匙往往就在这类好题目之中。波利亚的解题思想集中反映在他的《怎样解题》一书中，该书的中心思想是解题过程中怎样诱发灵感。书的一开始就是一张“怎样解题表”，在表中收集了一些典型的问题与建议，其实质是试图诱发灵感的“智力活动表”。正如波利亚在书中所写的“我们的表实际上是一个在解题中典型有用的智力活动表”，“表中的问题和建议并不直接提到好念头，但实际上所有的问题和建议都与它有关”。“怎样解题表”包含四部分内容，即：弄清问题；拟订计划；实现计划；回顾。“弄清问题是为好念头的出现作准备；拟订计划是试图引发它；在引发之后，我们实现它；回顾此过程和求解的结果，是试图更好地利用它。”波利亚所讲的好念头，就是指灵感。《怎样解题》一书中有一部分内容叫“探索法小词典”，从篇幅上看，它占全书的4/5。“探索法小词典”的主要内容就是配合“怎样解题表”，对解题过程中典型有用的智力活动作进一步解释。全书的字里行间，处处给人一种强烈的感觉：波利亚强调解题训练的目的是引导学生开展智力活动，提高数学才能。

从教育心理学角度看，“怎样解题表”的确是十分可取的。利用这张表，教师可行之有效地指导学生自学，发展学生独立思考和进行创造性活动的能力。在波利亚看来，解题过程就是不断变更问题的过程。事实上，“怎样解题表”中许多问题和建议都是“直接以变化问题为目的的”，如：你知道与它有关的问题吗？是否见过形式稍微不同的题目？你能改述这道题目吗？你能不能用不同的方法重新叙述它？你能不能想出一个更容易的有关问题？一个更普遍的题？一个更特殊的题？一个类似的题？你能否解决这道题的一部分？你能不能由已知数据导出某些有用的东西？能不能想出适于确定未知数的其他数据？你能改变未知数，或已知数，必要时改变两者，使新未知数和新的已知数更加互相接近吗？波利亚说：“如果不‘变化问题’，我们几乎不能有什么进展”。“变更问题”是《怎样解题》一书的主旋律。“题海”是客观存在的，我们应研究对付“题海”的战术。波利亚的“表”切实可行，给出了探索解题途径的可操作机制，被人们公认为“指导学生在题海游泳”的“行动纲领”。著名的现代数学家瓦尔登早就说过，“每个大学生，每个学者，特别是每个教师都应读《怎样解题》这本引 入入胜的书”。

（二）波利亚的合情推理理论

通常，人们在数学课本中看到的数学是“一门严格的演绎科学”。其实，这仅是数学的一个侧面，是已完成的数学。波利亚大力宣扬数学的另一个侧面，那就是创造过程中的数学，它像“一门实验性的归纳科学”。波利亚说，数学的创造过程与任何其他知识的创造过程一样，在证明一个定理之前，先得猜想、发现出这个定理的内容，在完全做出详细证明之前，还得不断检验、完善、修改所提出的猜想，还得推测证明的思路。在这一系列的工作中，需要充分运用的不是论证推理，而是合情推理。论证推理以形式逻辑为依据，每一步推理都是可靠的，因而可以用来肯定数学知识，建立严格的数学体系。合情推理则只是一种合乎情理的、好像为真的推理。例如，律师的案情推理，经济学家的统计推理，物理学家的实验归纳推理等，它的结论带有或然性。合情推理是冒风险的，它是创造性工作所赖以进行的那种推理。合情推理与论证推理两者互相补充，缺一不可。

波利亚的《数学与合情推理》一书通过历史上一些有名的数学发现的例子分析说明了合情推理的特征和运用，首次建立了合情推理模式，开创性地用概率演算讨论了合情推理模式的合理性，试图使合情推理有定量化的描述，还结合中学教学实际呼吁

“要教学生猜想，要教合情推理”，并提出了教学建议。这样就在笛卡尔、欧拉、马赫、波尔察诺、庞加莱、阿达玛等数学大师的基础上前进了一步，他无愧于当代合情推理的领头人。数学中的合情推理是多种多样的，而归纳和类比是两种用途最广的特殊合情推理。拉普拉斯曾说过：“甚至在数学里，发现真理的工具也是归纳与类比。”因而波利亚对这两种合情推理给予了特别重视，并注意到更广泛的合情推理。他不仅讨论了合情推理的特征、作用、范例、模式，还指出了其中的教学意义和教学方法。

波利亚反复呼吁：只要我们能承认数学创造过程中需要合情推理、需要猜想的话，数学教学中就必须有教猜想的地位，必须为发明作准备，或至少给一点发明的尝试。对于一个想以数学作为终身职业的学生来说，为了在数学上取得真正的成就，就得掌握合情推理；对于一般学生来说，他也必须学习和体验合情推理，这是他未来生活的需要。他亲自讲课的教学片“让我们教猜想”荣获1968年美国教育电影图书协会十周年电影节的最高奖——蓝色勋带。1972年，他到英国参加第二届国际数学教育会议时，又为BBC开放大学录制了第二部电影教学片“猜想与证明”，并于1976年与1979年发表了“猜想与证明”和“更多的猜想与证明”两篇论文。怎样教猜想？怎样教合情推理？没有十拿九稳的教学方法。波利亚说，教学中最重要的就是选取一些典型教学结论的创造过程，分析其发现动机和合情推理，然后再让学生模仿范例去独立实践，在实践中发展合情推理能力。教师要选择典型的问题，创设情境，让学生饶有兴趣地自觉去试验、观察，得到猜想。“学生自己提出了猜想，也就会有追求证明的渴望，因而此时的数学教学最富有吸引力，切莫错过时机。”波利亚指出，要充分发挥班级教学的优势，鼓励学生之间互相讨论和启发，教师只有在学生受阻的时候才给些方向性的揭示，不能硬把他们赶上事先预备好的道路，这样学生才能体验到猜想、发现的乐趣，才能真正掌握合情推理。

（三）波利亚论教学原则及教学艺术

有效的教学手段应遵循一些基本的原则，而这些原则应当建立在数学学习原则的基础上，为此，波利亚提出了下面三条教学原则：

1. 主动学习原则

学习应该是积极主动的，不能只是被动或被授式的，不经过自己的大脑活动就很难学到什么新东西，就是说学东西的最好途径是亲自去发现它。这样，会使自己体验到思考的紧张和发现的喜悦，有利于养成正确的思维习惯。因此，教师必须让学生主动学习，让思想在学生的头脑里产生，教师只起助产的作用。教学应采用苏格拉底回答法：向学生提出问题而不是讲授全部的现成结论，对学生的错误不是直接纠正，而是用另外的补充问题来帮助暴露矛盾。

2. 最佳动机原则

如果学生没有行动的动机，就不会去行动。而学习数学的最佳动机是对数学知识的内在兴趣，最佳奖赏应该是聚精会神的脑力活动所带来的快乐。作为教师，你的职责是激发学生的最佳动机，使学生信服数学是有趣的，相信所讨论的问题值得花一番功夫。为了使学生产生最佳动机，解题教学要格外重视引入问题，尽量诙谐有趣。在做题之前，可以让学生猜猜该题的结果，或者部分结果，旨在激发兴趣，培养探索习惯。

3. 循序阶段原则

“一切人类知识以直观开始，由直观进至概念，而终于理念”，波利亚将学习过程区分为三个阶段：

①探索阶段——行动和感知；

②阐明阶段——引用词语，提高到概念水平；

③吸收阶段——消化新知识，吸取到自己的知识系统中。

教学要尊重学习规律，要遵循循序阶段性，要把探索阶段置于数学语言表达（如概念形成）之前，而又要使新学知识最终融汇于学生的整体智慧之中。新知识的出现不能从天而降，应密切联系学生的现有知识、日常经验、好奇心等，给学生“探索阶段”；学了新知识之后，还要把新知识用于解决新问题或更简单地解决老问题，建立新旧知识的联系，通过新学知识的吸收，对原有知识的结构看得更清晰，进一步开阔眼界。波利亚说，遗憾的是，现在的中学教学里严重存在忽略探索阶段和吸收阶段而单纯断取概念水平阶段的现象。

以上三个原则实际上也是课程设置的原则，比如：教材内容的选取和引入，课题分析和顺序安排，语言叙述和习题配备等问题也都要以学和教的原则为依据。有效的教学，除了要遵循学与教的原则外，还必须讲究教学艺术。波利亚明确表示，教学是一门艺术。教学与舞台艺术有许多共同之处，有时，一些学生从你的教态上学到的东西可能比你要讲的东西还多一些，为此，你应该略作表演。教学与音乐创作也有共同点，数学教学不妨吸取音乐创作中预示、展开、重复、轮奏、变奏等手法。教学有时可能接近诗歌。波利亚说，如果你在课堂上情绪高涨，感到自己诗兴欲发，那么不必约束自己；偶尔想说几句似乎难登大雅的话，也不必顾虑重重。“为了表达真理，我们不能蔑视任何手段”，追求教学艺术亦应如此。

4. 波利亚论数学教师的思和行

波利亚把数学教师的素质和工作要点归结为以下十条：

（1）教师首要的金科玉律是：自己要对数学有浓厚的兴趣。如果教师厌烦数学，那学生也肯定会厌烦数学。因此，如果你对数学不感兴趣，你就不要去教它，因为你的课不可能受学生欢迎。

（2）熟悉自己的科目——数学科学。如果教师对所教的数学内容一知半解，那么即使有兴趣，有教学方法及其他手段，也难以把课教好，你不可能一清二楚地把数学教给学生。

（3）应该从自身学习的体验中以及对学生学习过程的观察中熟知学习过程，懂得学习原则，明确认识到：学习任何东西的最佳途径是亲自独立地去发现其中的奥秘。

（4）努力观察学生们的面部表情。觉察他们的期望和困难，设身处地把自己当作学生。教学要想在学生的学习过程中收到理想的效果，就必须建立在学生的知识背景、思想观点以及兴趣爱好等基础之上。波利亚说，以上四条是搞好数学教学的精髓。

（5）不仅要传授知识，还要教技能技巧，培养思维方式以及良好的学习习惯。

（6）让学生学会猜想问题。

（7）让学生学会证明问题。严谨的证明是数学的标志，也是数学对一般文化修养的贡献中最精华的部分。倘若中学毕业生从未有过数学证明的印象，那他便少了一种基本的思维经验。但要注意，强调论证推理教学，也要强调直觉、猜想的教学，这是获得数学真理的手段，而论证则是为了消除怀疑。于是，教证明题要根据学生的年龄特征来处理，一开始给中学生教数学证明时，应该多着重于直觉洞察，少强调演绎推理。

（8）从手头中的题目中寻找出一些可能用于解今后题目的特征——揭示出存在于当前具体情况下的一般模式。

（9）不要把你的全部秘诀一股脑儿地倒给学生，要让他们先猜测一番，然后你再讲给他们听，让他们独立地找出尽可能多的东西。要记住，“使人厌烦的艺术是把一切细节讲得详而又尽”(伏尔泰)。

（10）启发问题，不要填鸭式地硬塞给学生。

二、波利亚解题理论下的解题思维教学

作为一名数学家，波利亚在众多的数学分支领域都颇有建树，并留下了以他的名字命名的术语和定理；作为一名数学教育家，波利亚有丰富的数学教育思想和精湛的教学艺术；作为一名数学方法论大师，波利亚开辟了数学启发法研究的新领域，为数学方法论研究的现代复兴奠定了必要的理论基础。他的名著《怎样解题》中提到的解题过程，用来规范学生的数学解题思维很有成效。

（一）弄清问题

一个问题摆在面前，它的未知数是什么，已知数又是什么？条件是什么，结论又是什么？给出条件是否能直接确定未知数？若直接条件不够充分，那隐性的条件有哪些？所给的条件会不会是多余的？或者是矛盾的呢？弄清这些情况后，往往还要画画草图、引入适当的符号加以分析为佳。

有的学生没能把问题的内涵理解透，凭印象解答，贸然下手，结果可想而知。

好几个学生对结果有四种可能惊诧不已，其实，若能按照乔治·波利亚《怎样解题》中说画画草图进而弄清问题，就能很快找出四种的可能答案。这不禁也让我想起我国著名数学家华罗庚教授描写“数形结合”的一首诗：数形本是相倚依，焉能分做两边飞。数缺形时少直觉，形缺数时难入微。数形结合百般好，割裂分家万事休。几何代数统一体，永远联系莫分离。

（二）拟订计划

大多问题往往不能一下子就可以迎刃而解，这时你就要找间接的联系，不得不考虑辅助条件，如添加必要的辅助线，找出已知量和未知量之间的关系，此时你应该拟定个求解的计划。有的学生认为，解数学题要拟定什么计划，会做就会做，不会做就不会做。其实不然，对于解题，第一步问题弄清后，要着手解决前，你会考虑很多，脑袋瓜会闪出很多问题，比如，以前见过它吗？是否遇到过相同的或形式稍有不同的此类问题？我该用什么方法来解答为好呢？哪些定理公式我可以用呢，等等诸如此类的问题。

在自问自答的过程中，就是自我拟定计划的过程，若学生经常这样思维，并加以归纳，对于数学问题往往就能较快地找到解决该问题的最佳途径。

例如，平面解析几何中在讲对称时，我常举以下几个例子加以练习：

第一小题是点与点之间对称的问题；第二小题和第三小题是个相互的问题，一题是直线关于点对称最终求直线的问题，另一题是点关于直线对称最终求点的问题；第四小题是直线关于直线对称的问题，这问题要考虑两直线是平行还是相交的情况。

通过以上四小题的分析归纳，学生再碰到此类对称的问题就能得心应手了，能以最快的时间内拟出解决方案，即拟定好计划，少走弯路。另外对点、直线和圆的位置关系的判断也可以进行同样的探讨，做到举一反三。

在拟定计划中，有时不能马上解决所提出的问题，此时可以换个角度考量。譬如：

（1）能不能加入辅助元素后可以重新叙述该问题，或能不能用另外一种方法来重新描述该问题；

（2）对于该问题，我能不能先解决一个与此有关的问题，或能不能先解决和该问题类似的问题，然后利用预先解决的问题去拟定解决该问题的计划；

（3）能不能进一步探讨，保持条件的一部分舍去其余部分，这样的话对于未知数的确定会有怎么样的变化，或者能不能从已知数据导出某些有用的东西，进而改变未知数或数据（或者二者都改变），这样能不能使未知量和新数据更加接近，进而解答问题；

（4）是否已经利用了所有的已知数据，是否考虑了包含在问题中的所有必要的概念，原先自己凭印象给出的定义是否准确。碰到问题一时无法解决，采用上述的不同角度进行思考，应该很快就可以找到突破问题的瓶颈了。

（三）实行计划

实施解题所拟定的计划，并认真检验每一个步骤和过程，必须证明或保证每一步的准确性。出现谬论或前后相互矛盾的情况，往往就在实行计划中没能证明每一步都是按正确的方向来走。例如，有这样的一个诡辩题，题目大意如下：龟和兔，大家都知道肯定是兔子跑得快，但如果让乌龟提前出发 10 米，这时乌龟和兔子一起开跑，那样的话兔子永远都追不上乌龟。从常识上看这结论肯定错误，但从逻辑上分析：当兔子赶上乌龟提前出发的这 10 米的时候，是需要一段时间的，假设是 10 秒，那在这 10 秒里，乌龟又往前跑了一小段距离，假设为 1 米，当兔子再追上这 1 米，乌龟又往前移动了一小段距离，如此这样下去，不管兔子跑的有多快，但只能无限接近乌龟而不能超过。这个问题问倒了很多人（当然包括学生），问题出在哪呢？问题就出在假设上，假设出现了问题，就是实行计划的第一步出现错误，你能说结论会正确吗？

这样的诡辩题在数学上很多，有的一开始就是错的，如同上面的例子；有的在解题过程中出现错误；有的采用循环论证，用错误的结论当作定理去证明新的问题；还有的偷换概念。例如，学生们之间经常讨论的一个例子：有 3 个人去投宿，一个晚上 30 元，三个人每人掏了 10 元凑够 30 元交给了老板，后来老板说今天优惠只要 25 元就够了，于是老板拿出 5 元让服务生退还给他们，而服务生偷偷藏起了 2 元，然后把剩下的 3 元钱分给了那三个人，每人分到 1 元。现在来算算，一开始每人掏了 10 元，现在又退回 1 元，也就是 10-1=9，每人只花了 9 元钱，3 个人每人 9 元，3×9=27 元 + 服务生藏起的 2 元 =29 元，还有一元钱哪去了？这问题就是偷换概念，不同类的钱数目硬性加在一起。所以，在实行计划中，检验是非常关键的。

（四）回顾

最后一步是回顾，就是最终的检测和反思了。结果进行检测，判断是否正确；这道题还有没有其他的解法；现在能不能较快看出问题的实质所在；能不能把这个结论或方法当作工具用于其他的问题的解答，等等。

在乔治·波利亚解题法第一步弄清问题中，所举的那个例题，结论要是考虑不周全，不进行认真检验，就会漏了方程 $x=2$ 这个解，那样的话，从完整度来说就前功尽弃了。

一题多解，举一反三，这在数学解题中经常出现。

通过问题的解答过程以及最终结论检验，在今后遇到同样或类似问题时，能不能直接找到问题实质所在或答案，或许这就是看你的“数感”（即对数学的感知感觉）如何了。例如，空间四边形四边中点依次连接构成平行四边形，有了这感觉，回忆起以前学的正方形、长方形、菱形、梯形或任意四边形的四边中点依次连接所成的图形，就不难得出答案了。

数学是一门工具学，某个问题解决了，要是所获得的经验或结论可以作为其他问题解决的奠基石，那么解决这个数学问题的目的就达到了。古人在经过长期的生产生活中，给我们留下了不少经验和方法，体现在数学上就是定理或公式了，为我们的继续研究创造了不少的先决条件，不管在时间上还是空间上，都是如此。我们要让学生认识到，教科书中的知识包涵了多少前辈人的心血，要好好珍惜。

三、波利亚数学解题思想对我国数学教育改革的启示

（一）更新教育观念，使学生由“学会”向“会学”转变

目前我国大力提倡素质教育，但应试教育体制的影响不是一天两天就能完全去除的。几乎所有的学生都把数学看成必须得到多少分的课程。这种体制造成片面追求升学率和数学竞赛日益升温的畸形教育，教学一味热衷于对数学事实的生硬灌输和题型套路的分类总结，而不管数学知识的获取过程和数学结论后面丰富多彩的事实。学生被动消极地接受知识，非但不能融会贯通，把知识内化为自己的认知结构，反而助长了对数学事实的死记硬背和对解题技巧的机械模仿。

结合波利亚的数学思想及我国当前教育的形势，我国的数学教育应转变观念，使学生不仅“学会”，更要“会学”。数学教学既是认识过程，又是发展过程，这就要求教师在传授知识的同时，应把培养能力、启发思维置于更加突出的地位。教师应引导学生在某种程度上参与提出有价值的启发性问题,唤起学生积极探索的动机和热情，开展“相应的自然而然的思维活动”。通过具体特殊的情形的归纳或相似关联因素的类比、联想，孕育出解决问题的合理猜想，进而对猜想进行检验、反驳、修正、重构。这样学生才能主动构建数学认知结构，并培育对数学真理发现过程的不懈追求和创新精神，强化学习主体意识，促进数学学习的高效展开。

（二）革新数学课程体系，展现数学思维过程

传统的数学课程体系，历来以追求逻辑的严谨性、理论的系统性而著称，教材内容一般沿着知识的纵方向展开，采用“定义——定理、法则、推论——证明——应用”的纯形式模式，突出高度完善的知识体系，而对知识发明（发现）的过程则采取蕴含披露的“浓缩”方式，或几乎全部略去，缺乏必要的提炼、总结和展现。

根据波利亚的思想，我国的数学课程体系应力图避免刻意追求严格的演绎风格，克服偏重逻辑思维的弊端，淡化形式，注重实质。数学课程目标不仅在于传授知识，更在于培养数学能力，特别是创造性数学思维能力。课程内容的选取，以具有丰富渊

源背景和现实生动情境的问题为主导，参照数学知识逐步进化的演变过程，用非形式化展示高度形式化的数学概念、法则和原理。突破以科学为中心的课程和以知识传授为中心的教学观，将有利于思维方式与思维习惯的培养，并在某种程度上可以避免教师的生硬灌输和学生的死记硬背，教与学不再是毫无意义的符号的机械操作。课程体系准备深刻、鲜明生动地展开思维过程，使学生不仅知其然而且知其所以然，也是现代数学教育思想的一个基本特点。

波利亚的数学解题思想博大精深，源于实践又指导实践，对我国的数学教育实践及改革发展具有重要的指导意义。我们从中得到这样的启示：数学教育应着眼于探究创造，强调获取知识的过程及方法，寻求学习过程、科学探索和问题解决的一致性。它的根本意义在于培养学生的数学文化素养，即培养学生思维的习惯，使他们学会发现的技巧，领会数学的精神实质和基本结构，并提供应用于其他学科的推理方法，体现一种“变化导向的教育观”。

第四节　建构主义的数学教育理念

“在教育心理学中正在发生着一场革命，人们对它叫法不一，但更多地把它称为建构主义的学习理论”。20 世纪 90 年代以来，建构主义学习理论在西方逐渐流行。建构主义是行为主义发展到认知主义以后的进一步发展，被誉为当代心理学中的一场革命。

一、建构主义理论概述

（一）建构主义理论

建构主义理论是在皮亚杰（Jean Piaget）的“发生认识论”、维果茨基（Lev Vygotsky）的“文化历史发展理论”和布鲁纳（Jerome Seymour Brunev）的“认知结构理论”的基础上逐渐发展形成的一种新的理论。皮亚杰认为，知识是个体与环境交互作用并逐渐建构的结果。在研究儿童认知结构发展中，他还提到了几个重要的概念：同化、顺应和平衡。同化是指当个体受到外部环境刺激时，用原来的图式去同化新环境所提供的信息，以求达到暂时的平衡状态；若原有的图式不能同化新知识时，将通过主动修改或重新构建新的图式来适应环境并达到新的平衡的过程即顺应。个体的认知总是在“原来的平衡——打破平衡——新的平衡”的过程中不断地向较高的状态发展和升级。在皮亚杰理论的基础上，各专家和学者从不同的角度对建构主义进行了进一步的阐述和研究。科恩伯格（Kornberg）对认知结构的性质和认知结构的发展条件作了进一步的研究；斯滕伯格（Sternberg）和卡茨（D.Katz）等人强调个体主动性的关键作用，并对如何发挥个体主动性在建构认知结构过程中的关键作用进行了探索；维果茨基从文化历史心理学的角度研究了人的高级心理机能与“活动”与“社会交往”之间的密切关系，并最早提出了“最近发展区”理论。所有的研究都使建构主义理论得到了进一步的发展和完善，为应用于实际教学中提供了理论基础。

（二）建构主义理论下的数学教学模式

建构主义理论认为,学习是学习者用已有的经验和知识结构对新的知识进行加工、筛选、整理和重组，并实现学生对所获得知识意义的主动建构，突出学习者的主体地位。所谓以学生为主体，并不是让其放任自流，教师要做好引导者、组织者，也就是说，我们在承认学生的主体地位的同时也要发挥好教师的作用。因此，以建构主义为理论基础的教学应注意：首先，发挥学生的主观能动性，把问题还给学生，引导他们独立地思考和发现，并能在与同伴相互合作和讨论中获得新知识。其次，学习者对新知识的建构要以原有的知识经验为基础。最后，教师要扮演好学生的忠实支持者和引路人的角色。教师一方面要重视情境在学生建构知识中的作用，将书本中枯燥的知识放在真实的环境中，让学生去体验活生生的例子，从而帮助学生自我创造达到意义建构的目的;另一方面留给学生足够时间和空间,让尽量多的学生参与讨论并发表自己的见解，学生遇到挫折时,教师要积极鼓励,他们取得进步时,要给予肯定并指明新的努力方向。

数学教学采用“建构主义”的教学模式是指以学生自主学习为核心，以数学教材为学生意义建构的对象，由数学教师担任组织者和辅助者，以课堂为载体，让学生在原有数学知识结构的基础上将新知识与之融合，从而引导学生产生出新的知识，同时，也帮助和促进了学生数学素养、数学能力的提高。教学的最终目的是让学生能实现对知识的主动获取和对已获取知识的意义建构。

二、建构主义学习理论的教育意义

（一）学习的实质是学习者的主动建构

建构主义学习理论认为，学习不是老师向学生传递知识信息、学习者被动地吸收的过程，而是学习者自己主动地建构知识的意义的过程。这一过程是不可能由他人所代替的。每个学习者都是在其现有的知识经验和信念基础上，对新的信息主动地进行选择加工，从而建构起自己的理解，而原有的知识经验系统又会因新信息的进入发生调整和改变。这种学习的建构，一方面是对新信息的意义建构，同时又是对原有经验的改造和重组。

（二）建构主义的知识观和学生观要求教学必须充分尊重学生的学习主体地位

建构主义认为，知识并不是对现实的准确表征，它只是对现实的一种解释或假设，并不是问题的最终答案。知识不可能以实体的形式存在于个体之外，尽管我们通过语言符号赋予了知识一定的外在形式，甚至这些命题还得到了较普遍的认可，但这些语言符号充其量只是载着一定知识的物质媒体，他并不是知识本身。学生若想获得这些言语符号所包含的真实意义，必须借助自己已有的知识经验将其还原，即按照自己已有的理解重新进行意义建构。所以教学应该使学生从原有的知识经验中“生长”出新的知识经验。

（三）课本知识不是唯一正确的答案，学生学习是在自我理解基础上的检验和调整过程

建构主义学习理论认为，课本知识仅是一种关于各种现象的比较可靠的假设，只是对现实的一种可能更正确的解释，而绝不是唯一正确的答案。这些知识在进入个体的经验系统被接受之前是毫无意义可言的，只有通过学习者在新旧知识经验间反复双向作用后，才能建构起它的意义。所以，学生学习这些知识时，不是像镜子那样去“反映”呈现，而是在理解的基础上对这些假设做出自己的检验和调整。

课堂中学生的头脑不是一块白板，他们对知识的学习往往是以自己的经验信息为背景来分析其合理性，而不是简单地套用。因此，关于知识的学习不宜强迫学生被动地接受知识，不能满足教条式的机械模仿与记忆，不能把知识作为预先确定了的东西让学生无条件地接纳，而应关注学生是如何在原有的经验基础上、经过新旧经验相互作用而建构知识含义的。

（四）学习需要走向“思维的具体”

建构主义学习理论批判了传统课堂学习中“去情境化”的做法，转而强调情境性学习与情境性认知。他们认为学校常常在人工环境而非自然情境中教学生那些从实际中抽象出来的一般性的知识和技能，而这些东西常常会被遗忘或只能保留在学习者头脑内部，一旦走出课堂到实际需要时便很难回忆起来，这些把知识与行为分开的做法是错误的。知识总是要适应它所应用的环境、目的和任务的，因此为了使学生更好地学习、保持和使用其所学的知识，就必须让他们在自然环境中学习或在情境中进行活动性学习，促进知和行的结合。

情境性学习要求给学生的任务要具有挑战性、真实性、任务稍微超出学生的能力，

有一定的复杂性和难度，让学生面对一个要求认知复杂性的情境，使之与学生的能力形成一种积极的不相匹配的状态，即认知冲突。学生在课堂中不应是学习老师提前准备好的知识，而是在解决问题的探索过程中，从具体走向思维，并能够达到更高的知识水平，即由思维走向具体。

（五）有效的学习需要在合作中、在一定支架的支持下展开

建构学习理论认为，学生以自己的方式来建构事物的意义，不同的人理解事物的角度是不同的，这种不存在统一标准的客观差异性本身就构成了丰富的资源。通过与他人的讨论、互助等形式的合作学习，学生可以超越自己的认识，更加全面深刻地理解事物，看到那些与自己不同的理解，检验与自己相左的观念，学到新东西，改造自己的认知结构，对知识进行重新建构。学生在交互合作学习中不断地对自己的思考过程进行再认识，对各种观念加以组织和改造，这种学习方式不仅会逐渐地提高学生的建构能力，而且有利于今后的学习和发展。

为学生的学习和发展提供必要的信息和支持。建构主义者称这种提供给学生、帮助他们从现有能力提高一步的支持形式为“支架”，它可以减少或避免学生在认知中不知所措或走弯路。

（六）建构主义的学习观要求课程教学改革

建构主义认为，教学过程不是教师向学生原样不变地传递知识的过程，而是学生在教师的帮助指导下自己建构知识的过程。所谓建构是指学生是指通过新、旧知识经验之间的、双向的作用，来形成和调整自己的知识结构。这种建构只能由学生本人完成，这就意味着学生是被动的刺激接受者。因此在课程教学中，教师要尊重和培养学生的主体意识，创设有利于学生自主学习的课堂情境和模式。

（七）课程改革取得成效的关键在于按照建构主义的教学观创设新的课堂教学模式

建构主义的学习环境包含情境、合作、交流和意义建构等四大要素。与建构主义学习理论以及建构主义学习环境相适应的教学模式可以概括为：以学习为中心，教师在整个教学过程中起组织者、指导者、帮助者和促进者的作用，利用情境、合作、交流等学习环境要素充分发挥学生的主动性、积极性和首创精神，最终达到学生有效地实现对当前所学知识的意义建构的目的。在建构主义的教学模式下，目前比较成熟的教学方法有情景性教学、随机通达教学四种。

（八）基础教育课程改革的现实需要以建构主义的思想培养和培训教师

新课程改革不仅改革课程内容，也对教学理念和教学方法进行了改革，探究学习、建构学习成为课程改革的主要理念和教学方法之一，期许教师能够胜任指导和促进学生的探究和建构的任务，教师自身就要接受探究学习和建构学习的训练，使教师建立探究和建构的理念，掌握探究和建构的方法，唯此才能在教学实践中自主地指导和运用建构教学，激发学生的学习兴趣，培养学生探究的习惯和能力。

第五节　我国的“双基”数学教学理念

在高等数学教学的过程中，面对的学生基础严重不牢固，针对高等数学的内容的难度较大的特点，学生表现为学习困难，接受效果难尽人意。在这种情况下，在高等数学教学工作中，只有坚持以“双基”教学理论为指导，才能保证高等数学的教育教学质量。

一、我国“双基教学理论”的综述

1963年我国颁布了中国特色的大纲，概括为:“双基+三大能力”，双基即基础知识、基本技能。三大能力包括基本的运算能力、空间想象能力和逻辑思维能力。1996年我国的高中数学大纲又把“逻辑思维能力”改为“思维能力”，原因是逻辑思维是数学思维的基础部分，但不是核心部分。由于在“双基”教学理论的指导下，我国学生的数学基础以扎实著称。进入20世纪，在“三大能力”的基础上，又提出培养学生提出问题、解决问题的能力。在中学阶段的数学教学中，提出培养学生数学意识、培养学生的数学实践能力和运用所学的数学知识解决实际问题的能力。随着“双基”教学理论的提出和实践，对数学教育工作者提出了新的挑战，为此，研究和运用双基教学理论对于实现数学教学的目标具有重要的意义，特别是在当前基础教育教学改革日益深入的今天，做好高等学校的数学教学与中学数学教学的衔接，具有重要的意义。本文以高等数学教学为例，对实践双基教学理论提出自己的经验和措施。

（一）双基教学理论的演进

“双基”教学起源于20世纪50年代，在60年代—80年代得到大力发展，80年代之后，不断丰富完善。探讨双基教学的历程，从根本上讲，应考察教学大纲，因为中国教学历来是以纲为本，双基内容被大纲所确定，双基教学可以说来源于大纲导向。

大纲中对知识和技能要求的演进历程也是双基教学理论的形成轨迹，双基教学根源于教学大纲，随着教学大纲对双基要求的不断提高而得到加强。所以，我们只要对教学大纲做一历史性回顾，就不难找到双基教学的演进历程，此处不再展开。

（二）双基教学的文化透视

双基教学的产生是有着浓厚的传统文化背景的，关于基础重要性的传统观念、传统的教育思想和考试文化对双基教学都有着重要影响。

1. 关于“基础”的传统信念

中国是一个相信基础重要性的国家，基础的重要性多被作为一种常识为大家所熟悉，在沙滩上建不起来高楼，空中无法建楼阁，要建成大厦，没有好的基础是不行的。从事任何工作，都必须有基础。没有好的基础不可能有创新。“现代社会没有或者几乎没有一个文盲做出过创新成果”常被视作为“创新需要知识基础”的一个极端例子。这样的信念支配着人们的行动，于是，大家认为，中小学教育作为基础教育，打好基础，储备好学习后继课程与参加生产劳动及实际工作所必备的、初步的、基本的知识和技能是第一位的，有了好的基础，创新、应用可以逐步发展。这样，注重基础也就成为自然的事情了。其实，学生是通过学习基础知识、基本技能这个过程达到一个更高境界的，不可能越过基础知识、基本技能类的东西而学习其他知识技能来达到创新能力或其他能力的培养。所以，通往教育深层的必由之路就是由基本知识、基本技能铺设的，双基内容应该是作为社会人生存、发展的必备平台。没有基础，就缺乏发展潜能，无论是中国功夫，还是中国书法，都是非常讲究基础的，正是这一信念为双基教学注入了理由和活力。

2. 文化教育传统

中国双基教学理论的产生和发展与中国古代教育思想分不开。首当其冲的应是孔子的教育思想。孔子通过长期教学实践，提出“不愤不启，不悱不发”的教学原则。“愤”就是积极思考问题，还处在思而未懂的状态；“悱”就是极力想表达而又表达不清楚。就是说，在学生积极思考问题而尚未弄懂的时候，教师才应当引导学生思考和表达。又言：“举一隅，不以三隅反，则不复也”，即要求学生能做到举一反三，触类旁通。这种思想和方法被概括为“启发教学”思想。如何进行启发教学，《学记》给出过精辟的阐述：“君子之教，喻也。道而弗牵，强而弗抑，开而弗达，道而弗牵则和，强而弗抑则易，开而弗达则思，和易以思，可谓善喻也。”意思是说要引导学生而不要牵着学生走，要鼓励学生而不要压抑他们，要指导学生学习门径，而不是代替学生做出结论。引而弗牵，师生关系才能融洽、亲切；强而弗抑，学生学习才会感到容易；开而弗达，学生才会真正开动脑筋思考，做到这些就可以说得上是善于诱导了。启发教学思想的精髓就是发挥教师的主导作用、诱导作用，教师向来被看作“传道、授业、解惑”的“师者”，处于主导地位。这种教学思想注定了双基教学中的教师的主导地位和启发性特征。

关于学习，孔子有一句名言：“学而不思则罔，思而不学则殆。”意思是说光学习而不进行思考则什么都学不到，只思考而不学习则是危险的，主张学思相济，不可偏废。学习必须以思考来求理解，思考必须以学习为基础。这种学思结合的思想用现在的观点来看，就是创新源于思，缺乏思，就不会有创新，而只思不学是行不通的，表明了学是创新的基础，思是创新的前提。故而，应重视知识的学习和反思。朱熹也提出：“读书无疑者，须教有疑，有疑者却要无疑，到这里方是长进。”这种学习理念对教学的启示是，要鼓励学生质疑，因为疑是学生动了脑筋的结果，“思”的表现，通过问，解决疑，才可以使学问长进。课堂上教师要多设疑问，故布疑阵，设置情境，不断用问题、疑问刺激学生，驱动学生的思维。这种学习思想为双基教学注入了问题驱动性特征。双基教学理论可以说是中国古代教育思想的引申、发展。

3. 考试文化对双基教学具有促动影响

中国有着悠久的考试文化，自公元597年隋文帝实行“科举考试”制度，至今已延续近一千五百年。学而优则仕，学习的目的是为了通过考试达到自身发展（如做官）的目标。到了现代，考试一样也是通往美好前程的阶梯。而考试内容绝大部分只能是基础性的试题，因为双基是有形的，容易考查，创新性、灵活性、应用能力的考查比较困难，尤其是在限定的时间内进行的考查。另外，教学大纲强调双基，考试以大纲为准绳，教学自然侧重于双基教学，考试重点考双基，那么各种教学改革只能以双基为中心，围绕双基开展，最终是使双基更加扎实，使双基更加突出。这种考试要求与教学要求的相互影响，使得双基教学得到了加强。总之，双基教学理论既是中国古代教育思想的发扬，又深受中国传统考试文化的影响。新课改中，如何更新双基，如何继承和发扬双基教学传统，是一个需要认真思考的重要课题。

二、双基教学模式的特征分析

（一）双基教学模式的外部特征

双基教学理论作为一种教育思想或教学理论，可以看作是以“基本知识和基本技能”教学为本的教学理论体系，其核心思想是重视基础知识和基本技能的教学。它首先倡导了一种所谓的双基教学模式，我们先从双基教学模式外部的一些特征进行描述刻画。

1. 双基教学模式课堂教学结构

双基教学在课堂教学形式上有着较为固定的结构，课堂进程基本呈“知识、技能讲授——知识、技能的应用示例——练习和训练”序状，即在教学进程中先让学生明白知识技能是什么，再了解怎样应用这个知识技能，最后通过亲身实践练习掌握这个知识技能及其应用。典型的教学过程包括五个基本环节“复习旧知——导入新课——讲解分析——样例练习——小结作业”，每个环节都有自己的目的和基本要求。

复习旧知的主要目的是为学生理解新知、逾越分析和证明新知障碍作知识铺垫，避免学生思维走弯路。在导入新课环节，教师往往是通过适当的铺垫或创设适当的教学情境引出新知，通过启发式的讲解分析，引导学生尽快理解新知内容，让学生从心理上认可、接受新知的合理性，即及时帮助学生弄清是什么、弄懂为什么；进而以例题形式讲解、说明其应用，让学生了解新知的应用，明白如何用新知；然后让学生自己练习、尝试解决问题，通过练习，进一步巩固新知，增进理解，熟悉新知及其应用技能，初步形成运用新知分析问题、解决问题的能力；最后小结一堂课的核心内容，布置作业，通过课外作业，进一步熟练技能，并形成能力。所以，双基教学有着较为固定的形式和进程，教学的每个环节安排紧凑，教师在其中既起着非常重要的主导作用、示范作用或管理作用，同时也起着为学生的思维架桥铺路的作用，由此也产生了颇具中国特色的教学铺垫理论。

2. 双基教学模式课堂教学控制

双基教学模式是一种教师有效控制课堂的高效教学模式。双基教学重视基础知识的记忆理解、基本技能的熟练掌握运用，具体到每一堂课，教学任务和目标都是明确、具体的，包括教师应该完成什么样的知识技能的讲授，达到什么样的教学目的，学生应该得到哪些基本训练（做哪些题目），实现哪些基本目标，达到怎样的程度（如练习正确率）等等。教师为实现这些目标有效组织教学、控制课堂进程。正是有明确的任务和目标以及必须实现这些任务和目标的驱动，教师责无旁贷地成为了课堂上的主导者、管理者，主导着课堂中几乎所有的活动，使得各种活动都呈有序状态，课堂时间得到有效利用。课堂活动组织得严谨、周密、有节奏、有强度。整堂课的进程，有高度的计划性，什么时候讲，什么时候练，什么时候演示，什么时候板书，板书写在什么位置，都安排得非常妥当，能有效地利用上课的每一分钟时间。整堂课进行得井井有条，教师随时注意学生遵守课堂纪律的情况，防止和克服不良现象的发生，随时注意进行教学组织工作，而且进行得很机智，课堂秩序一般表现良好。

严谨的教学组织形式，不仅高效，而且避免了学生无政府主义现象的发生。双基教学注重教师的有效讲授和学生的及时训练、多重练习，教师讲课，要求语言清楚、通俗、生动、富于感情，表述严谨，言简意赅。在整堂课的讲授过程中，教师充分发挥主导作用，不断提问和启发，学生思维被激发调动，始终处于积极的活动状态。在训练方面，以解题思想方法为首要训练目标，一题多解、一法多用、变式练习是经常使用的训练形式，从而形成了中国教学的“变式”理论，包括概念性变式和过程性变式。

双基教学模式下，教师具有的知识特征通过一些比较研究可以看到：我国教师能够多角度地理解知识，如中国学者马力平的中美数学教育比较研究表明：在学科知识的“深刻理解”上，中国教师有明显的优势。

3. 双基教学的目标

双基教学重视基础知识、基本技能的传授，讲究精讲多练，主张“练中学”，相信“熟能生巧”，追求基础知识的记忆和掌握、基本技能的操演和熟练，使学生获得扎实的基础知识、熟练的基本技能和较高的学科能力为其主要的教学目标。对基础知识讲解得细致，对基本技能训练得入微，使学生一开始就能够对所学习的知识和技能获得一个从“是什么、为什么、有何用到如何用”的较为系统的、全面的和深刻的认识。在注重基础知识和基本技能教学的同时，双基教学从不放松和抵制对基本能力的培养和个人品质的塑造，恰恰相反，能力培养一直是双基教学的核心部分，如数学教学始终认为运算能力、空间想象能力、逻辑思维能力是数学的三大基础能力。可以说，双基教学本身就含有基础能力的培养成分和带有指导性的个性发展的内涵。

4. 双基教学的课程观

在“双基教学”理论中，“基础”是一个关键词。某些知识或技能之所以被选进课程内容，并不是因为它们是一种尖端的东西，而是因为它们是基础的，所以双基教学思想注重课程内容的基础性。同时，双基教学也注重课程内容的逻辑严谨性，在课程教材的编制上，体现为重视教学内容结构以及逻辑系统的关系，要求教材体系符合学科的系统性（当然也要符合学生的心理发展特点），依据学科内容结构规律安排，做到先行知识的学习与后继知识的学习互相促进。双基教学的课程观也非常注意感性认识与理性认识的关系，教学内容安排要求由实际事例开始，由浅入深、由易到难、由表及里，循序渐进。

5. 双基教学理论体系的开放性

双基教学并不是一个封闭的体系，在其发展的过程中，不断地吸收先进的教育教学思想来丰富和完善自身的理论。双基的内涵也是开放的，内容随时代的变化而变化。总之，从外部来看，双基教学理论是一种讲究教师有效控制课堂活动、既重讲授又重练习、既重基础又重能力、有明确的知识技能掌握和练习目标的开放的教学思想体系。

（二）双基教学的内隐特征

深入到课堂教学内部，借助典型案例，分析中国教师的教学实践和经验总结，我们不难得到，中国双基教学至少内涵下面五个基本特征：启发性、问题驱动性、示范性、层次性和巩固性。

1. 启发性

双基教学强调双基，同时也强调传授双基的教学过程中贯彻启发式教学原则，反对注入式，主张启发式教学，反对“填鸭”或“灌输”式教学。各种教学活动以及教学活动的各个环节都要求富有启发性，不论是教师讲解、提问、演示、实验、小结、复习、解答疑难，也不论是进行概念、定理（公式）的教学，复习课、练习课的教学，教师都讲究循循善诱，采取各种不同的方式启发学生思维，激发学生潜在的学习动机，使之主动地、积极地、充满热情地参与到教学活动中。在讲解过程中，教师会“质疑启发”，即通过不断设疑、提问、反诘、追问等方式来激发学生思考问题，通过释疑解惑，开通思路，掌握知识。在演示或实验过程中，教师会进行“观察启发”，借助实物、模型、图示等，组织学生观察并思考问题、探求解答。在新结论引出之前，根据内容情况，教师有时采用“归纳启发”，通过实验、演算先得出特殊事例，再引导学生对特殊材料进行考察获得启发，进而归纳、发现可能规律，最后获得新结论。有时会采用“对比启发”或“类比启发”，运用对比手法以旧启新，根据可类比的材料，启示学生对新知识做出大胆猜想。所以，贯彻启发式原则是双基教学的一个基本要求，也因此，双基教学具有了启发性特征。

如有的教师为了讲清数学归纳法的数学原理，首先从复习不完全归纳法开始，指出它是人们用来认识客观事物的重要推理方法，并揭示它是一种可靠性较弱的方法，由此产生认知冲突，即当对象无限时，如何保证从特殊归纳出一般结论的正确性。接着，用生活实例———摸球来进行类比启发：如果袋中有无限多个球，如何验证里面是否均为白球？显然不能逐一摸出来验证，由于不可穷尽，所以，无法直接验证。但如果有“当你这一次摸出的是白球，则下一次摸出的一定也是白球”这样的前提保证，则大可不必逐个去摸，而只要第一次摸出的确实是白球即可。至此，为什么数学归纳法只完成两步工作就可以对一切自然数下结论的思想实质清澈可见。双基教学的启发性是教师创设的，是教师主导作用的充分体现，其关键是教师的引导和精心设计的启发性环境，启发的根本不在于让学生“答”，而在于让学生思考，或者简单地说在于让学生“想”。

所以，一堂课从表面上看，可能全是教师在讲解，学生在被动地听，可实际上，学生思维可能正在教师的步步启发下积极地活动着，进行着有意义的学习。事实上，双基教学中，教师的一切活动始终是围绕学生的思考或思维服务的，为学生积极思考提供、搭建脚手架，为学生建构新知识结构提供有效的、高效率的帮助。双基教学讲究在教师的启发下让学生自己发现，这是一种特殊的探索方式，双基教学的这种启发性内隐特征决定了双基教学并不是教师直接把现成的知识传授给学生，而是经常地引导学生去发现新知。”问题驱动性双基教学强调教师的主导作用，整个教学过程经由教师精心设计，成为一环扣一环、由教师有效控制、逐步递进的有序整体，使得学生能轻松地一小步一小步地达到预定目标。在这个有序教学整体的开始，教师以提问方式驱动学生回顾复习旧知识，通过精心设计的问题情境，凸显“用原有的知识无法解决的新的矛盾或问题”，以此为契机，让学生体验到进一步探索新知的必要性，认识到将要研究和学习的新知是有意义和有价值的，继而将课题内容设计为一系列的矛盾或问题解决形式，并不断地以启发、提问和讲解的方式展开并递进解决。

事实上，双基教学模式中，教师设计一堂课，经常会考虑如何用设计好的情境来呈现新旧知识之间的矛盾或提出问题，引起认知冲突，使学生有兴趣的进行着结课的学习，同时也会考虑如何引入概念，如何将问题分解为有递进关系的问题并逐步深入，如何应用以往的工具和新引进的概念解决这些问题等等，以驱使学生聚精会神地动脑思考，或全神贯注地听老师讲解分析解决问题或矛盾的方法或思想。双基教学中，教师并不是简单地将大问题分拆成一个一个小问题机械地呈现给学生，而是经常将讲解的内容转变为问题式的提问或启发式问题，融合在教师的讲授中，这些提问或启发式问题具有强驱动性，促使学生思维不断地沿着教师的预设方向进行。教师这种不断地通过“显性”和“隐性”的问题驱动学生的思维活动（隐性的问题可以看作为启发，显性的问题可以看作课堂提问），构成了中国双基教学的一大特色。

课堂上的显性提问，既能激发学生的思维，又能起到管理班级的作用，使学生的思想不易开小差。隐性启发式问题一方面使学生的思维具有方向，避免盲目性，另一方面为学生理解新知搭建了脚手架，使之顺着这些问题就能够达到理解的巅峰。双基教学在解题训练教学方面，讲究“变式”方法。通过变式训练，明晰概念，归纳解题方法、技巧、规律和思想，促进知识向能力转化。教师不断在“原式”基础上变换出新问题，让学生仿照或模仿或基于“原式”的解法进行解决，使学生参与到一种特殊的探究活动中。这种以变式问题形式驱动学生课堂上的学习行为是中国双基教学的又一大特点。

双基教学课堂中大量的“师对生”的问题驱动（提问）使整堂课学生思维都处在一种高度积极的活动之中，思维高速运转，思维不断地被教师的各种问题驱动而推向主动思考的高潮，学生对课堂上教师显性知识的讲解基本能够听懂、弄明白，基本不存在疑问。学生也正是在逻辑地一步步不停地思考老师的各种问题或听老师对各种问题的分析解释的过程中不自觉地建构着知识和对知识的理解，同时在对教师的观点、思想和方法做着评价、批判、反思。从这个意义上讲，问题驱动特征导致双基教学是一种有意义学习，而不是机械学习、被动接受，从它的多启发性驱动问题的设置我们可以确信这一点。至于在过去的一个非常时期内，教师地位的不高导致教师的专业化水平低下，从而在个别地方个别教师出现照本宣科、满堂灌或填鸭式教学的现象，显然不是双基教学思想的产物。可见，双基教学教师惯常以问题、悬念引入，教学中教师充分发挥主导作用，不断地以问题驱动，激发学生思维，引起学生反思，使学生潜在而自然地建构知识和对知识的理解，并从中体验学科的价值、思想、观点和方法等。

2. 示范性

双基教学的另一个内隐特征是教师的示范性。从表面上看，教师只是在做讲解和板书，而实际上，教学过程中教师不断地提供着样例，做着语言表达的示范、解题思维分析的示范、问题解决过程的示范、例题解法书写格式的示范以及科学思维方式的示范等。如以例题形态出现的知识的应用讲解，教师每一个例题的讲解都分析得清楚、细致，这无形中给学生做了一个如何分析问题的示范、知识如何应用的示范、这类问题如何解决的示范和解决这类问题的方法的使用示范。教师对例题的讲解分析是双基教学中最典型的最重要的示范之一，教师做那么细致的分析，目的之一就是想为学生做个如何分析问题解决问题的示范，因为分析是解题中关键的一环，学会分析问题、解决问题也是教学目标之一。其中，典型例题的教学是展示双基应用的主要载体，分析典型例题的解题过程是让学生学会解题的有效途径，一方面学生能够理解例题解法，另一方面能从中模仿学习如何分析问题，能够仿照例题解决类似的变式问题。所以，双基教学中教师不仅是知识的讲授者，同时也是关于知识的理解、思考、分析和运用的示范者。难怪人们认为双基教学就是记忆、模仿加练习，这里教师确实提供了各种供学生模仿的示范行为。

然而，如果教师不做出示范，学生就难以在较短的时间内学会这些技能。所以，双基教学中，教师的示范性特征使得基础知识、基本技能的学习掌握变得容易。其实，教师的示范作用十分重要，如刚刚接触几何命题的推理证明时，书写表达的示范、思路分析的示范对学生学习几何都是非常有益的。教师的示范是体现在师生共同活动中的，不是教师做给学生看的表演式示范。另外，在许多时候，教师显性提问让学生回答，学生在表达过程中可能出现许多不太准确的表述，教师在学生回答过程中给予正确地重复，或者在黑板上板书学生说的内容时随时给予更正、规范，这使得学生在回答问题的过程中出现的一些不准确的语言表达得到了修正，同时为全班学生也做了个示范，这对学生准确地使用学科语言进行交流是非常有意义的。

3. 层次性

双基教学内隐着一种层次递进性。在教学安排方面，一般是铺垫引入，由浅入深，快慢有度，步子适当，有层次上升。概念原理分析讲解方面，教师多以举例说明，以例引理，以例释理，让学生历经从低层次直观感受到高层次概括抽象。这些都体现了双基教学的层次性。双基教学中，练习占有很重的分量，体现为双基训练。同样，练习安排也具有层次性。在双基训练设计中，习题分层次给出，分阶段让学生训练，先是基本练习，再是变式训练，然后是综合练习，最后是专题练习。学生通过各种层次的练习，能有效地实现知识的内化，理解各种知识状态，熟悉各种应用情境。

4. 巩固性

双基教学的另一个内隐特征是知识经常得到系统的回顾，注重教学的各个关口的复习巩固。理论上讲，知识的理解、掌握和应用不是一回事，理解、领会了某种知识可能掌握或记忆不住这一知识，也可能不会运用这一知识，能不能掌握、记住记不住、会不会用与知识的学习理解过程不是一脉相承的，知识的掌握、应用是另一个环节。双基教学的一个优势就是融知识的学习理解与知识的记忆、掌握、应用于一体，新知识学习之后紧接着就是知识的应用举例，再接着是知识的应用练习巩固，从而达到这样一种效果。在应用举例中初步体会知识的应用、增强对知识的理解，在练习训练中进一步理解知识、应用知识、熟练知识、掌握知识、巩固知识，直至熟练的运用知识。双基教学中，每堂课第一个环节一般都是复习，组织学生对已学的旧知识作必要的复习回顾，通常包括两类内容：

①对上次课所学知识的温故，其目的在于通过这些知识再现于学生，使之得到进一步巩固；②作为新知识论据的旧知识，不是上次课所学知识，而是学生早先所学现在可能遗忘的，这种复习的目的在于为新知识的教学做好充分的准备。

作为复习形式，以提问或爬黑板形式居多。最后一个教学环节是小结，每当新知识学习后教师都要进行小结巩固，即时复习，形式多样，包括对刚学习的新概念、新原理、新定律或公式内容的复述、新知识在解题中的用途和用法以及解决问题的经验概括。这两个教学环节分别对旧知和新知起到巩固作用。教师通常采用复习课形式进行阶段性复习巩固，这种复习课的突出特点是：“大容量、高密度、快节奏”。一个阶段所学习的知识技能被梳理得脉络清楚、条理，促使知识进一步结构化；大量的典型例题讲解，使知识的应用能力得到大大加强，问题类型一目了然，知识的应用范围一清二楚，知识如何应用的知识得到进一步明晰。复习之后就是阶段性测验或考试，这为进一步巩固又提供了机会。至此，我们可以给双基教学一个界定：双基教学是注重基础知识、基本技能教学和基本能力培养的，以教师为主导以学生为主体的，以学法为基础，注重教法，具有启发性、问题驱动性、示范性、层次性、巩固性特征的一种教学模式。

三、新课程理念下“双基”教学

“双基”是指“基础知识”和“基本技能”。中国数学教育历来有重视“双基”的传统，同时社会发展、数学的发展和教育的发展，要求我们与时俱进地审视“双基”和“双基”教学。我们可以从新课程中新增的“双基”内容，以及对原有内容的变化（这种变化包括要求和处理两个方面）和发展上，去思考这种变化，去探索新课程理念下的“双基”教学。

（一）如何把握新增内容的教学

这是教师在新课程实施中遇到的一个挑战。为此，我们首先要认识和理解为什么要增加这些新的内容，在此基础上，把握好“标准”对这些内容的定位，积极探索和研究如何设计和组织教学。

随着科学技术的发展，现代社会的信息化要求日益加强，人们常常需要收集大量的数据，根据新获得的数据提取有价值的信息，做出合理的决策。统计是研究如何合理地收集、整理和分析数据的学科，为人们制定决策提供依据；随机现象在日常生活中随处可见；概率是研究随机现象规律的学科，它为人们认识客观世界提供了重要的思维模式和解决问题的方法，同时为统计学的发展提供了理论基础。因此，可以说在高中数学课程中统计与概率作为必修内容是社会的必然趋势与生活的要求。例如，在高二“排列与组合”和“概率”中，有一个重要的内容“独立重复试验”，作为这部分内容的自然扩展，本章中安排了二项分布，并介绍了服从二项分布的随机变量的期望与方差，使随机变量这部分内容比较充实一些。本章第二部分“统计”与初中“统计初步”的关系十分紧密，可以认为这部分内容是初中“统计初步”的十分自然的扩展与深化，但由于学生在学习初中的“统计初步”后直到学习本章之前，基本上没有复习“统计初步”的内容，对这些内容的遗忘程度会相当高，因此，本章在编写时非常注意联系初中“统计初步”的内容来展开新课。再比如，在讲抽样方法的开始时重温。在初中已经知道，通常我们不是直接研究一个总体，而是从总体中抽取一个样本，根据样本的情况去估计总体的相应情况，由此说明样本的抽取是否得当对研究总体来说十分关键，这样就会使学生认识到学习抽样方法十分重要。又如在讲“总体分布的估计”时，注意复习初中“统计初步”学习过的有关频率分布表和频率分布直方图的有关知识，帮助学生学习相关的内容。另外，在学习统计与概率的过程中，会涉及抽象概括、运算求解、推理论证等能力，因此，统计与概率的学习过程是学生综合运用所学的知识，发展解决问题能力的有效过程。

由于推理与证明是数学的基本思维过程，是做数学的基本功，是发展理性思维的重要方面；数学与其他学科的区别除了研究对象不同之外，最突出的就是数学内部规律的正确性必须用逻辑推理的方式来证明，而在证明或学习数学过程中，又经常要用合情推理去猜测和发现结论、探索和提供思路。因此，无论是学习数学、做数学，还是对于学生理性思维的培养，都需要加强这方面的学习和训练。因此，增加了“推理与证明”的基础知识。在教学中，可以变隐性为显性，分散为集中，结合以前所学的内容，通过挖掘、提炼、明确化等方式，使学生感受和体验如何学会数学思考方式，体会推理和证明在数学学习和日常生活中的意义和作用，提高数学素养。例如，可通过探求凸多面体的面、顶点、棱之间的数量关系，通过平面内的圆与空间中的球在几何元素和性质上的类比，体会归纳和类比这两种主要的合情推理在猜测和发现结论、探索和提供思路方面的作用。通过收集法律、医疗、生活中的素材，体会合情推理在日常生活中的意义和作用。

（二）教学中应使学生对基本概念和基本思想有更深的理解和更好地掌握

在数学教学和数学学习中，强调对数学的认识和理解，无论是基础知识、基本技能的教学、数学的推理与论证，还是数学的应用，都要帮助学生更好地认识数学、认识数学的思想和本质。那么，在教学中应如何处理才能达到这一目标呢？

首先，教师必须很好地把握诸如：函数、向量、统计、空间观念、运算、数形结合、随机观念等一些核心的概念和基本思想；其次，要通过整个高中数学教学中的螺旋上升、多次接触，通过知识间的相互联系，通过问题解决的方式。使学生不断加深认识和理解。比如：对于函数概念真正的认识和理解是不容易的，要经历一个多次接触的较长的过程，要通过提出恰当的问题，创设恰当的情境，使学生产生进一步学习函数概念的积极情感，帮助学生从需要认识函数的构成要素；需要用近现代数学的基本语言——集合的语言来刻画出函数概念；需要提升对函数概念的符号化、形式化的表示等三个主要方面来帮助学生进一步认识和理解函数概念。随后，通过基本初步函数——指数函数、对数函数、三角函数的学习，进一步感悟函数概念的本质，以及为什么函数是高中数学的一个核心概念。再在“导数及其应用”的学习中，通过对函数性质的研究，再次提升对函数概念的认识和理解等等。这里，我们要结合具体实例（如分段函数的实例，只能用图像来表示等），结合作为函数模型的应用实例，强调对函数概念本质的认识和理解，并一定把握好对于诸如求定义域、值域的训练，不能做过多、过繁、过于人为的一些技巧训练。

（三）加强对学生基本技能的训练

熟练掌握一些基本技能，对学好数学是非常重要的。例如，在学习概念中要求学生能举出正、反面例子的训练；在学习公式、法则中要有对公式、法则掌握的训练，也要注意对运算算理认识和理解的训练；在学习推理证明时，不仅仅是在推理证明形式上的训练，更要关注对落笔有据、言之有理的理性思维的训练；在立体几何学习中，不仅要有对基本作图、识图的训练，而且要从整体观察入手，以整体到局部与从局部到整体相结合，从具体到抽象、从一般到特殊的认识事物的方法的训练；在学习统计时，要尽可能让学生经历数据处理的过程，从实际中感受、体验如何处理数据，从数据中提取信息。在过去的数学教学中，往往偏重于单一的“纸与笔”的技能训练，以及对一些非本质的细枝末节的地方，过分地做了人为技巧方面的训练，例如对函数中求定义域过于人为技巧的训练。特别是在对于运算技能的训练中，经常人为地制造一些技巧性很强的高难度计算题，比如，三角恒等变形里面就有许多复杂的运算和证明。这样的训练学生往往会感到比较枯燥，渐渐的学生就会失去对数学的兴趣，这是我们所不愿看到的。我们对学生基本技能的训练，不是单纯为了让他们学习、掌握数学知识，还要在学习知识的同时，以知识为载体，提高他们的数学能力，提高他们对数学的认识。事实上，数学技能的训练，不仅是包括“纸与笔”的运算、推理、作图等技能训练，随着科技和数学的发展，还应包括更广的、更有力的技能训练。

例如，我们要在教学中重视对学生进行以下的技能训练：能熟练地完成心算与估计；能正确地、自信地、适当地使用计算机或计算器；能用各种各样的表、图、打印结果和统计方法来组织、解释、并提供数据信息；能把模糊不清的问题用明晰的语言表达出来；能从具体的前后联系中，确定该问题采用什么数学方法最合适，选择有效的解题策略。也就是说，随着时代和数学的发展，高中数学的基本技能也在发生变化。教学中也要用发展的眼光、与时俱进地认识基本技能，而对于原有的某些技能训练，随着时代的发展可能被淘汰，如以前要求学生会熟练地查表，像查对数表、三角函数表等。当有了计算器和计算机以后，就能使用计算机或计算器这样的技能替代原来的查表技能。

（四）鼓励学生积极参与教学活动，帮助学生用内心的体验与创造来学习数学，认识和理解基本概念、掌握基础知识

随着数学教育改革的展开，无论是教学观念，还是教学方法，都在发生变化。但是，在大多数的数学课堂教学中，教师灌输式的讲授，学生以机械的、模仿、记忆的方式对待数学学习的状况仍然占有主导地位。教师的备课往往把教学变成一部“教案剧”的编导过程，教师自己是导演、主演，最好的学生能当群众演员，一般学生就是观众，整个过程就是教师在活动，这是我们最常规的教学，“独角戏、一言堂”，忽略了学生在课堂教学中的参与。

为了鼓励学生积极参与教学活动，帮助学生用内心的体验与创造来学习数学，认识和理解基本概念，掌握基础知识，在备课时不仅要备知识，把自己知道的最好、最生动的东西给学生，还要考虑如何引导学生参与，应该给学生一些什么，不给什么、先给什么、后给什么；怎么提问，在什么时候，提什么样的问题才会有助于学生认识和理解基本概念、掌握基础知识等等。例如，在用集合、对应的语言给出函数概念时，可以首先给出有不同背景，但在数学上有共同本质特征（是从数集到数集的对应）的实例，与学生一起分析他们的共同特征，引导学生自己去归纳出用集合、对应的语言给出函数的定义。当我们把学生学习的积极性调动起来，学生的思维被激活时，学生

会积极参与到教学活动中来，也就会提高教学的效率，同时，我们需要在实施过程中不断探索和积累经验。

（五）借助几何直观揭示基本概念和基础知识的本质和关系

几何直观形象，能启迪思路、帮助理解。因此，借助几何直观学习和理解数学，是数学学习中的重要方面。徐利治先生曾说过，只有做到了直观上的理解，才是真正的理解。因此，在“双基”教学中，要鼓励学生借助几何直观进行思考、揭示研究对象的性质和关系，并且学会利用几何直观来学习和理解数学的这种方法。例如，在函数的学习中，有些对象的函数关系只能用图像来表示，如人的心脏跳动随时间变化的规律——心电图；在导数的学习中，我们可以借助图形，体会和理解导数在研究函数的变化：是增还是减、增减的范围、增减的快慢等问题，是一个有力的工具；认识和理解为什么由导数的符号可以判断函数是增是减，对于一些只能直接给出函数图形的问题，更能显示几何直观的作用了；再如对于不等式的学习，我们也要注重形的结合，只有充分利用几何直观来揭示研究对象的性质和关系，才能使学生认识几何直观在学习基本概念、基础知识，乃至整个数学学习中的意义和作用，学会数学的一种思考方式和学习方式。

当然，教师自己对几何直观在数学学习中的认识上要有全面的认识，例如，除了需要注意不能用几何直观来代替证明外，还要注意几何直观带来的认识上的片面性。例如，对指数函数 $y=ax$（$a>1$）图像与直线 $y=x$ 的关系的认识，以往教材中通常都是以 2 或 10 为底来给出指数函数的图像。在这种情况下，指数函数 $y=ax$（$a>1$）的图像都在直线 $y=x$ 的上方，于是，便认为指数函数 $y=ax$（$a>1$）的图像都在直线 $y=x$ 的上方，教学中应避免类似的这种因特殊赋值和特殊位置的几何直观得到的结果所带来的对有关概念和结论本质上认识的片面性和错误判断。

（六）恰当使用信息技术，改善学生学习方式，加强对基本概念和基础知识的理解

现代信息技术的广泛应用正在对数学课程的内容、数学教学方式、数学学习方式等方面产生深刻的影响。信息技术在教学中的优势主要表现在：快捷的计算功能、丰富的图形呈现与制作功能、大量数据的处理功能等。因此，在教学中，应重视与现代信息技术的有机结合，恰当地使用现代信息技术，发挥现代信息技术的优势，帮助学生更好地认识和理解基本概念和基础知识。例如在函数部分的教学中，可以利用计算器、计算机画出函数的图像，探索他们的变化规律，研究他们的性质，求方程的近似解等等。在指数函数性质教学中，就可以考虑首先用计算器或计算机呈现指数函数 $y=ax$（$a>1$）的图像，在观察过程中，引导学生去发现当 a 变化时，指数函数图像成菊花般的动态

变化状态，但不论 a 怎样变化，所有的图像都经过点（0，1），并且会发现当 $a>1$ 时，指数函数单调增。

通过对高等数学的教学，发现制约高等学校高等数学教学质量的主要原因在于高等学校的数学教学与中学数学教学的脱节。这不仅表现在教材内容的衔接上，也表现在教学中对学生的要求上。例如，求的极限，学生在课堂上不能够使用三角公式进行和差化积，问其原因，学生回答说：“高中数学老师说和差化积公式不用记，高考卷子上是给出来的，只要会用就行。”这样做的结果导致学生的基础严重不牢固，给高等数学学习带来障碍和困难。为了改变这种基础教育与高等教育严重脱节的问题，要求高等学校的教育教学要进行改革，从教育教学理念到教材内容进行全方位的改革，使之与当前我国的教学改革相适应。实现基础教育改革的目标与价值，删减偏难的内容和陈旧的内容，提升教学内容把精华的部分传授给学生。基础教育阶段要按照“双基”理论加强“双基”教学，为学生后续的学习奠定了必要的基础。

第六节　初等化理念

近几年来，随着国家对高等数学教育的重视和政策的调控以及社会对专业技术人才的需求形势的变化，高校的规模得到了快速发展，招生范围也大大扩大，同时也带来了一个问题，就是学生的文化基础参差不齐，因为招生方式的多样化，单独招生和技能高考等，就有一大批中职学生进入高校，这些学生成绩不高的背后，往往反映出他们的数学思维能力低、数学思想差的特点。让这样的学生学习突出强调数学思想的高等数学是比较困难的。高等数学教育属于高等教育，但是又不同于高等教育。它的根本任务是培养生产、建设、管理和服务第一线需要的德智体美劳全面发展的高等技术应用型专门人才，所培养的学生应重点掌握从事本专业领域实际工作的基本知识和职业技能，所以高等数学就是服务于各类专业的一门重要的基础课。但是数学在社会生产力的提高和科技水平的高速发展上发挥着不可估量的作用，它不仅是自然科学、社会科学和行为科学的基础，而且也是每个学生必须具备的一门学科，所以高等数学教育应重视数学课；但又因为高校教育自身的特点，数学课又不应过多地强调逻辑的严密性、思维的严谨性，而应将其作为专业课程的基础，采取初等化教学，注重其应用性、学生思维的开放性、解决实际问题的自觉性，以提高学生的文化素养和增强学生就业的能力。

首先从教材上来说，在过去的高校的高等数学教材不是很实用，其内容与某些本科院校的高数教材一样难和全。进入二十一世纪后，教育部先后召开了多次全国高等数学教育产学研经验交流会，明确了高等数学教育要“以服务为宗旨，以就业为导向，走产学研结合的发展的道路”，这为高等数学教育的改革指明了方向。在我们编写的高校教材中，就特别注意了针对性及定位的准确性——以高校的培养目标为依据，以“必需、够用”为指导思想，在体现数学思想为主的前提下删繁就简，深入浅出，做到既注重高等数学的基础性，适当保持其学科的科学性与系统性，同时更突出它的工具性；另外注意教材编排模块化，为方便分层次、选择性教学服务。在高等数学的教学上，也基本改变了过去重理论轻应用的思想和现象，确立了数学为专业服务的教学理念，强调理论联系实际，突出基本计算能力和应用能力的训练，满足了“应用”的主旨。

我们知道，数学在形成人类理性思维方面起着核心的作用，所受到的数学训练、所领会的数学思想和精神，无时无刻不在发挥着积极的作用，成为取得成功的最重要的因素。所以，在高等数学的教学中，尽可能多的渗透一些数学思想，让学生尽可能多的掌握一些数学思想，另外数学是工具，是服务于社会各行各业的工具，作为工具，它的特点应该是简单的。能把复杂问题简单化，才应该是真数学。因此，若能在高等数学教学中，用简单的初等的方法解决相应问题，让学生了解同一个实际问题，可以从不同的角度、用不同的数学方法去解决，这对开阔学生的学习视野，提高学生学习数学的兴趣与能力都是很有帮助的。

微积分是高等数学的主要内容,是现代工程技术和科学管理的主要支撑,也是高校、高专各类专业学习高等数学的首选。要进行高校高专的高等数学的教学改革，对微积分的教学的研究当然是首当其冲。所谓微积分的初等化，简单地说就是不讲极限理论，而是直接学习导数与积分，这种方法也是符合人们的认知规律与数学的发展过程。纵观微积分的发展史，先有了导数和积分，后有的极限理论。因为实际生活中的大量事物的变化率问题的存在，有各种各样的求积问题的存在，才有了导数和微积分的产生；为使微积分理论严格化，才有了极限的理论。学习微积分，是由实际问题驱动，通过为解决实际问题而引入、建立起来的导数与积分概念的过程，使学生学会数学地处理实际问题的思想与方法，提高他们举一反三用数学知识去解决实际问题的能力。按传统的微积分内容的教学处理，数学的这种强烈的应用性被滞后了，因为它要先讲极限理论，而在初等化的微积分中，上来就从实际问题入手，撇开了极限讲导数、讲积分，正好顺应了用“问题驱动数学的研究、学习数学”的时代潮流。在初等化的微积分中，积分概念就是建立在公理化的体系之上的，由积分学的建立，学生可以了解数学的公理化体系的建立过程，学习公理化方法的本质，学习如何用分析的方法，从纷繁的事实中找出基本出发点，用讲道理的逻辑的方式将其他事实演绎得陈述出来，这对学生将来用数学是大有益处的，也为将来进一步学习打下了基础。

在初等化微积分中，通过对实际问题的分析引入了可导函数的概念，使学生清楚地看到，问题是怎样提出的，数学概念是如何形成的。类比中学已经接触到的用导数描述曲线切线斜率的问题，使学生了解到同一个实际问题可以用不同的数学方式去解决的事实,从而可以有效地培养学生的发散思维及探索精神。在高等数学初等化教学中,极限的讲述是描述性的，而不用语言的，难度大大下降，体现了数学的简单美。

在微积分的教学中，一方面要渗透数学思想，同时也要兼顾学生继续深造的实际情况。所以高等数学中微积分初等化的教学可以这样进行：

设想一：

一、微分学部分

微分学部分采取传统的“头”＋初等化的“尾”的讲法即“头”是传统的，按传统的方法，依次讲授“极限－连续－导数－微分－微分学的应用”，其中极限理论抓住无穷小这个重点，使学生掌握将极限问题的论证化为对无穷小的讨论的方法；“尾”引进强可导的概念，简单介绍可导函数的性质及与点态导数的关系，把“微分的初等化”作为微分学的后缀，为后面积分概念的引进及积分的计算奠定了基础并架起桥梁。此举不仅使学生获得了一种定义导数的方法，更重要的是，可以揭去数学概念神秘的面纱，开阔学生的眼界，丰富学生的数学思维，激发学生敢于思考、探索、创造的自信心。

二、积分学部分

积分学部分采取初等化的“头”＋传统的“尾”的讲法，积分学的“头”通过实际问题的驱动，引入、建立公理化的积分概念，再利用可导函数的相关性质推出牛顿-莱布尼茨公式,解决定积分的计算问题。最后从求曲边梯形面积外包、内填的几何角度,介绍传统的积分定义的思想。这样处理的结果，不但使学生学习了积分知识，而且能够使学生学到数学的公理化思想，学到解决实际问题的不同数学方法，对培养、提高学生的数学素质是大有好处的。

设想二：

由于导数、积分等概念只不过就是一种特殊的极限，若将极限初等化了，导数、积分等自然就可以初等化了，所以可以不改变原来的传统的微积分讲授顺序，只是重点将极限概念初等化一下即可，也就是不用语言，而是用描述性语言来讲极限这样的讲法，虽然与传统的微积分教学相比没有太大的改动，但却能使学生对极限有关知识的学习，不仅有了描述性的、直观的认识，而且还能对与极限有关问题进行证明了，达到了培养、提高学生论证的数学思想与能力的目的。

在高等数学教学中，用简单的初等化方法教学，既能符合高校教育的特点，满足高校学生的现状；也能让学生掌握应有的高数知识和数学思想，对提高学生的素质和将来的深造都能打下良好的基础。

第四章　高等数学教学的必要性

第一节　数学在高等教育学科中的地位

在科学技术高速发展的今天，数学应用的触角几乎伸向了一切科学技术领域和社会管理层面，数学的广泛应用势必要求各类专业人员具备相当的数学应用能力。应用数学能力是人才能力结构中的基础关键能力。人才培养目标的应用型定位，决定了数学的基础地位和工具地位。在数学教育上，必须大力加强数学应用能力的培养。围绕学校定位，结合 21 世纪知识经济时代的科技发展趋势和对人才培养的要求，探讨人才培养的数学课程教学改革，更加有效地促进学生的科技创新能力及科学思维方法和素养的提高。改革的途径是改进课程体系、教学内容和考核方式，使学生能够自主学习，获得更多、更合理的知识，增强学生用数学知识解决实际问题的能力。

一、高等数学教学的现状分析

数学这门学科经历了几十年的积累，课程体系和内容结构都更加完善，多年来一直一成不变地呈现在授课教师和学生面前。由于教学内容和教学方法的陈旧和课程内容的抽象难懂，导致学生学习的兴趣极低，大多数学生只能通过对某些公式、定理的死记硬背以求及格成绩，来达到获得学分的目的。虽然课程的任务完成了，但学生学习的效果却保证不了，更不利于培养学生的创新能力。

（一）教学内容过于数学化，缺乏技能性训练

在数学课上讲授定义概念，推导定理，通过习题训练使学生掌握数学知识是学习数学的必要步骤，本无可非议，但当前的教学过程往往过于强化对概念、定理的学习和推证,强调学生对习题的求解方法和技巧的训练,而忽视对实际问题分析能力的培养。学生对实际问题的数学化能力欠缺，处理数据能力薄弱，对专业知识的学习和技能的提高没有发挥应有的作用，多数学生只会解题，而不会分析实际问题，导致学生学习数学的积极性不高甚至有抵触情绪。

（二）教学手段与信息技术发展脱节

计算机技术和网络技术日益影响着当代大学生的学习和生活，但当前的教学环境并没有充分发挥现代教育手段的优越性。虽然在教学过程中较多地采用了多媒体教学手段，但实践表明在当前的高等数学教学体系下，教师使用多媒体教学不够灵活，多媒体课件内容机械照搬教材，教学效果远不及传统的黑板教学方式。在不改变当前教学体系的情况下，高等数学的信息化改革很难有大幅度推进。

（三）数学课程与专业课严重脱节

现行的教学体制一般是将学生分为理工科、文科两个不同的层次进行高等数学课程教学，但这样简单地区分并不能很好兼顾专业特色和需求，这样就出现了许多高等数学内容对专业知识的学习没有任何的帮助，而在专业课中需要掌握和强化的数学知识在高等数学课上又简单处理这种矛盾现象。教师在教学过程中对教学内容基本采用“一刀切”的处理方式，没有根据专业特点有所侧重。考试统一命题，不能根据专业特色起到积极的引导作用。而学生在学习过程中完全处于被动地位，不了解高等数学与本专业之间的联系，学生认为数学课完全是一门孤立的基础课，对其重要性认识不够，学习起来不够重视。可以说，传统的数学课教学与专业课教学脱节较为严重，没有有机地结合起来。

由于教师教学任务重，课时分配少，教师在教学的过程中对某些内容进行精简，很多定理、性质只做介绍不做具体的证明和推导，所以学生接收到的信息太过理论化，再加上对大量的练习感到枯燥无味，很多学生对数学课程抱着排斥的心理，这样既影响课堂听课效率也降低了学习效率，致使教学目标难以实现。

二、高等数学的主要学习内容和教学目的

（一）高等数学的主要学习内容

我们要学习的《高等数学》这门课程包括极限论、微积分学、无穷级数论和微分方程初步，最主要的部分是微积分学。

微积分学研究的对象是函数，而极限则是微积分学的基础（也是整个分析学的基础）。通过学习《高等数学》这门课程要使学生获得：函数、极限、连续；一元函数微积分学；多元函数微积分学；无穷级数（包括傅立叶级数）；常微分方程等方面的基本概念、基本理论和基本运算技能，为学习后继课程奠定必要的数学基础。通过各个教学环节培养学生的抽象概括能力、逻辑推理能力和自学能力，还要特别注意培养学生比较熟练地运算能力和综合运用所学知识去分析问题和解决问题的能力。

数学学科是理工科专业必修课，跟后续课程息息相关，是重要的基础课。数学是一门极能锻炼学生思维能力以及耐心和定力的学科。数学教学的主要目的就是培养学生使用数学知识去分析和解决问题的能力。譬如一些定理或定义只能记忆一时，而独有的数学思维和推理方法却能长久的发挥作用，甚至一生受用。现在数学已经渗透到各个学科、各个科学领域，随着知识经济社会的发展，各领域中的研究对象数量越发增多，特别是计算机在各领域的广泛应用。所以，社会向人们提出了一个迫切的要求：要想成为适应社会发展要求的现代人，就必须具备一定的数学素养。因此，对现在大学生来说，学好数学对学业和其他相关课程很重要，对将来更好地融入社会更重要。

（二）高等数学的教学目的

高等数学是高等学校中经济类、理工类专业学生必修的重要基础理论课程。数学主要是研究现实世界中的数量关系与空间形式。在现实世界中，一切事物都在不断地变化着，并遵循量变到质变的规律。凡是研究量的大小、量的变化、量与量之间的关系以及这些关系的变化，就少不了数学。同样，一切实在的物皆有形，客观世界中存在着各种不同的空间形式。因此，宇宙之大，粒子之微，光速之快，世界之繁，无处不用到数学。

数学不但研究现实世界中的数量关系与空间形式，还研究各种各样的抽象的“数”和“形”的模式结构。

恩格斯说：“要辨证而又唯物地了解自然，就必须掌握数学。”英国著名哲学家培根说：“数学是打开科学大门的钥匙。”著名数学家霍格说：“如果一个学生要成为完全合格的、多方面武装的科学家，他在其发展初期就必定来到一座大门前并且通过这座门。在这座大门上用每一种人类语言刻着同样一句话：“这里使用数学语言。”随着科学技术的发展，人们越来越深刻地认识到：没有数学，就难于创造出当代的科学成就。科学技术发展越快越高，对数学的需求就越多。

如今，伴随着计算机技术的迅速发展、自然科学各学科数学化的趋势、社会科学各部门定量化的要求，使许多学科都在直接或间接地，或先或后地经历了一场数学化的进程（在基础科学和工程建设研究方面，在管理机能和军事指挥方面，在经济计划方面，甚至在人类思维方面，我们都可以看到强大的数学化进程）。联合国教科文组织在一份调查报告中强调指出:“目前科学研究工作的特点之一是各门学科的数学化。”

随着科学技术的发展，使各数学基础学科之间、数学和物理、经济等其他学科之间相互交叉和渗透，形成了许多边缘学科和综合性学科。集合论、计算数学、电子计算机等的出现和发展，构成了现在丰富多彩、渗透到各个科学技术部门的现代数学。

“初等”数学与“高等”数学之分完全是按照惯例形成的。可以指出习惯上称为“初等数学”的这门中学课程所固有的两个特征：

第一个特征在于其所研究的对象是不变的量（常量）或孤立不变的规则几何图形。

第二个特征表现在其研究方法上。初等代数与初等几何是各自依照互不相关地独立路径构筑起来的，使我们既不能把几何问题用代数术语陈述出来，也不能通过计算用代数方法来解决几何问题。

16 世纪，由于工业革命的直接推动，对于运动的研究成了当时自然科学的中心问题，这些问题和以往的数学问题有着原则性的区别。要解决它们，初等数学已经不够用了，需要创立全新的概念与方法，创立出研究现象中各个量之间变化的新数学。变量与函数的新概念应时而生，导致了初等数学阶段向高等数学阶段的过渡。

高等数学与初等数学相反，它是在代数法与几何法密切结合的基础上发展起来的。这种结合首先出现在法国著名数学家、哲学家笛卡儿所创建的解析几何中。笛卡儿把变量引进数学，创建了坐标的概念。有了坐标的概念，我们一方面能用代数式子的运算顺利地证明几何定理，另一方面由于几何观念的明显性，使我们又建立了新的解析定理，提出新的论点。笛卡儿的解析几何使数学史上一项划时代的变革，恩格斯曾给予高度评价：“数学中的转折点是笛卡儿的变数。有了变数，运动进入了数学，有了变数，辩证法进入了数学，有了变数，微分和积分也就成为必要的了。”

有人作了一个粗浅的比喻：如果将整个数学比作一棵大树，那么初等数学是树根，名目繁多的数学分支是树枝，而树干就是“高等分析、高等代数、高等几何”（它们被统称为高等数学）。这个粗浅的比喻，形象地说明这“三高”在数学中的地位和作用，而微积分学在“三高”中又有着更特殊的地位。学习微积分学当然应该有初等数学的基础，而学习任何一门近代数学或者工程技术都必须先学微积分。

英国科学家牛顿和德国科学家莱布尼茨在总结前人工作的基础上各自独立地创立了微积分，与其说是数学史上，不如说是科学史上的一件大事。恩格斯指出：“在一切理论成就中，未必再有什么像 17 世纪下半叶微积分学的发明那样被看作人类精神的最高胜利了。”他还说：“只有微积分学才能使自然科学有可能用数学来不仅仅表明状态，并且也表明过程、运动。”时至今日，在大学的所有经济类、理工类专业中，微积分总是被列为一门重要的基础理论课。

三、从培养定位来思考数学教学

顺应社会经济建设的现代化和高等教育的大众化的要求，应用型人才教育越来越受到重视。传统的高等学校教学中过于注重理论知识的传授，忽略了对学生的实践能力和创新能力的培养的问题，与社会要求严重脱节。所以以下几个方面迫切需要思考和解决：首先，突出课程设计的应用性。在本科教育中虽然让学生按照培养计划掌握一定的专业知识是必要的，但也要考虑到学生在将来工作中的适应性和实践能力。其次，突出教学的实践性。在教学中重视实践教学，培养学生的实践应用和创新能力。最后，突出课程内容的实用性。根据实践的需要调节各个层次知识的比例，不要学习太过深入的理论，教会学生一些推导的方法，以达到用理论服务实践的目的。

在数学课程教学中，内容上必须强调应用的目的，突出实践性和应用性。比如在教育专业，笔者做了一点尝试性的创新：减少理论内容，降低难度；重要定理的推导过程只给出数学思想不做详细证明；突出应用性内容，特别是跟实际生活密切相关的内容；注重计算能力，服务于专业课程。

第二节　数学教学对培养应用型人才的重要意义

本科教学中的数学在大学所有专业中是一门非常重要的课程。作为一门基础性学科，学好数学能为今后的工作提供极大的方便，拥有数学能力，是一个高素质人才的基本条件之一。教师在实际教学过程中，应该着重培养学生学习数学的相关能力。例如，对数学的观察想象能力，推理数学的逻辑能力与运算能力，将这些能力对学生加以综合性的培养，可以帮助学社解决实际问题。学生只有提高了相关能力，才能将数学题目顺利解决，我国当前推崇素质教育，在素质教育环境下，将学生提高数学基础知识工作做好是非常重要的。学生在进入大学之前的数学基础不同，决定了学生接受数学知识的能力。

基于上述原因，为了符合素质教育的相关要求，积极发展数学教学对培养符合社会需求的应用型人才具有重要意义。

一、培养数学教学应用型人才的重要举措

（一）教学内容整合与课程体系改革

为了适应社会发展对人才培养的要求，可从以下几个方面对数学教学内容进行改革。

1. 引入数学史知识

一方面可以活跃课堂气氛提高学生学习的兴趣，另一方面通过介绍数学家的奋斗历程可以激发学生发现问题、研究问题的积极性。

2. 对教学内容进行整合，吐旧纳新，注重引入现代内容

在教学中注重各学科的互相渗透，过于抽象的理论可以简要介绍甚至可以淡化，对概念强调理解、对公式强调应用，注重学生综合应用能力的培养。

3. 增强应用性

现在高校越来越重视数学培养学生在实际工作中解决问题的能力，所以在内容选择上应该增加应用，使应用和理论有机结合起来。例如，根据学科特点使用数学教材时，引入经济学、生物学、物理学、电学、医学等领域的例子，用这些鲜活的例子增强学生的应用意识，使学生认识到数学不再是枯燥的计算和定义、定理，也是现实生活中解决实际问题的工具，达到提高学生学习兴趣的目的。

4. 强化数值计算的训练

很多理工科的专业课程都会用到数学的计算，所以强化计算的训练可以帮助学生学好专业课程，对将来从事专业方向的工作也是有积极作用的。

（二）引入数学建模思想与增加数学实验

数学建模是近年来新发展起来的交叉学科，以建立一个数学模型来描述生活中的实际问题为主要研究内容，并用数学的概念、方法和理论进行深入讨论，最后得出最佳解决方案。在建立模型的过程中会用到很多数学课程，例如微积分、几何、微分方程、概率论等。通过数学建模，学生可以把各种理论融合在一起，达到贯通的目的。在数学教学中引入数学建模的思想是必要的，既可以改变重理论轻应用的现状，又能够启发学生的思维，并且在教学过程中培养学生深入理解问题、分析问题和解决问题的能力，提高学生学习的兴趣，拓宽解决问题的思路，达到培养应用能力的目的。

数学实验是在现代技术发展中形成的独特的研究方法，既不同于传统的演绎法也不同于传统应用型人才培养模式下数学教学改革探索的实验法，而是介于二者之间的新方法。在数学教学中引入数学实验可以直观地展示抽象的理论，不但有利于学生对知识的理解，还能培养学生运用计算机解决问题的能力。这样的演示既加深了学生对定义的理解，也有利于学生认识定积分的几何意义。

（三）充分利用多媒体和互联网为教学服务

数学中大部分内容都是定义、性质、定理、推论，这些内容都比较抽象，完全按照课本内容讲解，学生会感到很难理解、枯燥乏味；而那些定理、推论等内容太过抽象，对学生的空间想象能力和推理能力要求很高。如果完全用传统的板书授课，无法展现一些复杂的推理过程和空间结构，学生理解起来很困难，往往事倍功半。

多媒体将图、文、动画等合理地结合成一体，能够更加直观、清晰地展示教学内容，不但学生理解起来容易，而且也能激发学生的学习热情，还能够实现学生自主学习为主，教师引导为辅的教学模式，达到培养学生自主思考、解决问题的能力。教师也能够节省书写板书的时间，在有限的时间里大大提高课堂教学效率。借助多媒体来辅助数学教学能够达到事半功倍的效果。

但是应该强调多媒体在教学中的地位是“辅助”，不宜过多，而且多媒体包含的内容多、播放过快导致学生没有时间进行空间思考或是做课堂笔记。过多地依赖多媒体,很多老师就会把多媒体当成大屏幕教材,从而不愿意深挖教材内容,甚至变成了“放映员”，违背了课堂教学以教师为主体的原则。所以合理、有度地利用多媒体来辅助教学才是改革的方向。

二、构建数学课程改革保障体系

（一）以学生需求为导向，分层次立体化实施数学教学

高校在设置课程体系时，除了按照“四个模块”进行分类教学，还要根据各专业特点及人才培养规格特征，将各模块进行层次类别划分，以满足不同类型、不同层次学生对数学的需求,从而实现数学分层次立体化的教学模式。比如将数学在按照土建、测绘类，机械材料、交通运输、电气信息类，经管类，人文社科类分为A、B、C、D四个模块的基础上，又将每个模块分为I、II两级，按照学生的层次，采取不同的教学计划进行教学，形成立体化的交织网络。同时，我们依托不同类别学生的特点，分类制定教学大纲，按类选用教材。

（二）以模块建设为平台，打造具有专业工程素养的教学团队

以“四个模块”建设为平台,遴选优秀教师作为各课程模块负责人,并在此基础上,组建结构合理的教学团队。同时，学校还要在专业院系聘请一批数学基础扎实、工程实践经验丰富的青年博士，参与到数学课程教学和模块建设中。此外，我们通过引进、培训、进修，“导师制”的实施，青年教师过“三关”等方式，不断提高教师的教学水平和业务能力，逐步打造一支政治素质高、业务素质强，结构合理，具有一定工程专业知识的数学教师队伍。

（三）以制度建设为抓手，建立完善的教学质量监控体系

通过统一制定各模块的数学教学大纲和授课计划，制定数学课程建设的各种规章制度，如教材选用制度，教考分离制度，集体备课制度，开新课和新开课教师试讲制度等等，使得教师教学工作有规可循，有章可遵，让教学规范性进一步增强。我们还充分发挥校、院（系）两级督导的监督指导作用，充分发挥学生评教、教师评学和毕业生质量跟踪调查等质量保障与监控体系的作用，确保课堂教学质量。

第三节　高等数学教学与数学应用能力的关系

一、大学生数学应用能力的含义

大学生数学应用能力通常指应用高等数学知识和数学思想来解决现实世界中的实际问题的能力。这里的“实际问题”是指人们生活、生产和科研等实际问题。

从认知心理学关于“问题解决”的观点来看，数学应用能力是指在人脑中运用数学知识经过一系列数学认知操作完成某种思维任务的心理表征。问题解决一般包括起始状态、中间状态和目标状态。这三者统称为问题空间。数学应用能力也可以理解为在问题空间进行搜索，通过一系列数学认知操作后使问题由起始状态转变为目标状态的能力。

二、数学应用能力的结构分析

数学应用能力是一种十分复杂的认知技能，从它的心理表征来分析，基本的数学认知操作包括：数学抽象、逻辑推理和建模。因此，数学应用能力的基本成分是数学抽象能力、逻辑推理能力和数学建模能力。复杂的数学应用能力由它们组成。例如，数学证明能力和数学计算能力就是由一系列逻辑推理组成的。在解决实际问题的过程中，往往需要综合运用各种不同的基本知识操作才能完成。

数学抽象包括数量与数量关系的抽象，图形与图形关系的抽象。数学抽象就是把现实世界与数学相关的东西抽象到数学内部，形成数学的基本概念，研究对象的定义，刻画对象之间关系的术语和运算（或操作，指转换性概念）。这是从感性具体上升到理性的思维过程。

逻辑推理是指从已有的知识推理出新的结论，从一个命题判断到另一个命题判断的思维过程。包括演绎推理和归纳推理。归纳推理是命题内涵由小到大的推理，是一种从特殊到一般的推理，通过归纳推理得到的结论是或然的。借助归纳推理，从经验过的东西出发推断未曾经验过的东西。演绎推理是命题内涵由大到小的推理，是一种从一般到特殊的推理，通过演绎推理得到的结论是必然的。借助演绎推理可以验证结论的正确性，但不能使命题的内涵得到扩张。各种命题、定理和运算法则的形成和应用都是通过推理来实现的。

推理必须合乎逻辑，符合规律性。数学内部的推理必须符合数学规则。应用到某一专业领域内的推理，还必须符合该特定专业领域内的规律性。

数学建模指用数学的概念、定理和思维方法描述现实世界中的那些规律性的东西。

数学模型使数学走出数学的世界，构建了数学与现实世界的桥梁。通俗的说，数学模型是用数学的语言表述现实世界的那些数量关系和图形关系。数学模型的出发点不仅是数学，还包括现实世界中那些将要表述的东西；研究手法需要从数学和现实这两个出发点开始；价值取向也往往不是数学本身，而是对描述学科所起的作用。用数学建模的话来说，问题解决也可以简单地表述为建模——解模——验模。

平常所说的数学能力泛指应用数学解决数学以外现实世界中的实际问题和解决数学内部的问题的能力。显然，数学应用能力和数学能力应用范围不同，数学能力包括数学应用能力。二者的基本能力是相同的。

三、数学应用能力与数学知识

数学应用能力是和数学知识结构密切相关的。所谓问题空间，实际上是与问题解决相关的知识网络空间。问题空间中的每一个节点代表一种知识状态，问题解决就是在问题空间中移动节点。即从一个节点移动到另一节点，使问题解决者达到或进人不同的知识状态。移动本身就是一个搜索过程。在问题解决过程中始终存在着认知操作活动，它包括了一系列有目的指向的、缩小问题空间的搜索及推理判断等思维过程。如果知识结构优化、丰富，则解决问题时，就能迅速地进人问题解决的起始状态，寻找到解决问题的规则，即在知识网络中搜索的距离短，进程快，决策也快，问题解决就容易，效率就高，说明解决问题的能力强。如果没有数学知识，何以谈数学应用能力？从数学的产生和发展看，数学知识和数学应用能力是同生同长，对立统一的。知识是问题解决的基础，是应用能力的基础。反过来，在问题解决过程中，能力又可使知识结构优化、充实。一方面，将与问题解决相关的专业知识融人进来，引起结构重组；另一方面，那些有用的知识会因反复运用变得更牢固。

四、数学应用能力与练习

数学应用能力是技能性的，它的培养和提高必须通过练习。

1. 练习使知识程序化

即将陈述性知识转化为程序性知识，前者在执行时依靠意识驱动，想一步一步执行，比较慢。后者按“条件上操作”形式满足条件就行动。

2. 使规则合理联结

即将一系列相关的有用的产生式规则合理联结或聚合成更大的产生式规则。一系列产生式规则在成功地操作以后会变得更强更稳定，并又增加了将来遇到类似情境时再运用该规则的概率，使应用能力得以增强。使相关的有用的知识由短时的记忆转为长时记忆。

3. 执行速度快、准确

如果训练有素，则逻辑推理、执行规则快速、流畅，而且条件和操作更加匹配，更善于识别各种条件和条件之间的差异，使操作变得更加精确、适当；数学抽象、建模能力强，转换快，决策快。这些都意味着问题解决能力的增强。

在解决实际问题的过程中，人们创造性地应用已有的知识经验，灵活地运用各种认知操作，根据问题情景的需要，重新构建或组合这些知识，创造有社会价值的新产品，这就是创新能力。创新能力是应用能力的最高境界。

五、学生数学应用能力培养与高等数学教学的关系

在高校，数学专业以外的学生数学知识的增长和数学应用能力的增强都是通过高等数学的教学来实现的。由此可以得出以下重要结论：在高等数学教学中，为了加强学生数学应用能力的培养，有两个“必须做到”：1. 必须重视知识传授，建构优化、实用的高等数学知识结构，这是应用能力培养的基础；2. 必须加强练习，练习是加强学生数学应用能力的必要途径。这两条是加强学生数学应用能力培养的关键。

在今天高等教育步入大众化阶段的情况下，如绪论所论及的，在地方性普通高校中，特别是有“三本”的院校中，由于学生人数急剧增加，学生中有相当一部分人数学基础差，在高等数学的教学中，忽视能力培养的现象有所加剧，启发性减少了、有的甚至习题课被取消了，严重影响了能力培养功能的发挥。这种靠削弱能力培养加大知识传授力度的做法是违反认知规律的，只会使学生死记、硬背，能力更差，不符合教育的培养目标。因此，如何正确处理好传授知识与培养能力的关系，加强学生数学应用能力的培养，是地方性普通高校高等数学教学改革亟待解决的问题。

讲改革，不是重复过去，停留在原来水平上。改革必须有时代性。即必须与现代科技发展、数学自身发展相适应。要做到这一点，还必须正确处理好数学知识的继承与现代化的关系问题。

归纳起来，用现代认知心理学和课程论、教学论的基本理论作指导，正确处理好传授知识与培养能力的关系，数学知识的继承与现代化的关系，实行教学内容、教学方法和教学模式的改革，构建精简、优化和实用的高等数学的知识结构，建立完备的稳定的能力培养体系。三条渠道相互协调配合，促进学生数学知识的增长与数学应用能力的增强协调发展，使学生具有扎实的高等数学基础知识、较宽的知识面和较强的数学应用能力。

第四节　高等数学教学与思维能力培养的关系

当一门科学真正被把握且具有某些素质的时候，人们不一定当初就具备了这些素质，而往往在把握的过程中有可能形成这些素质。正是在这个意义上，人们把数学的学习称为思维的体操。经常做数学训练，就是让思维做体操。

在高等数学知识体系中，许多的数学思想、方法都蕴含在大量的概念、定理、法则与解题过程中。所以，高等数学的教学不仅是知识的灌输，而且应该在教学过程中，既传授丰富的知识，又传授基本的数学思想方法，让学生学会去“想数学”，学会运用数学思想方法，获得终身受益的思想方法。

一、命题与推理的教学

判断是肯定或否定思维的对象具有或不具有某种属性的一种思维形式。在数学中，表示判断的语句成为数学命题，因为判断可真可假，所以命题亦可真可假。在数学中，根据已知概念和公理及已知的真命题，按照逻辑规律运用逻辑推理方法推导得出的真实性命题成为定理。

所谓推理是指由一个或几个已知的判断推导出一个或几个新命题的思维形式，是探求新结果，由已知得到未知的思维方法，在人们的认识过程和数学学习研究中有着巨大的作用，它不但可以使我们获得新的认识，也可以帮助我们论证或反驳某个论断。

一个推理包含前提和结论两个部分，前提是推理的依据，它告诉我们已知的知识是什么；结论是推理的结果，即依据前提所推出的命题，它告诉我们推出的新知识是什么。众所周知，数学是一门论证科学，它的结论都是经过证明才得到肯定的，而证明便是由一系列推理构成的。在数学中，不论是定理的证明，公式的推导，习题的解答以至于在实践中运用数学方法来解决问题，都需要用逻辑推理。因此，正确掌握和运用逻辑推理，对于数学学习和提高学生的逻辑论证能力都是非常重要的。

数学中的推理有以下三种分类方法：

（1）根据推出的知识的性质，推理分为或然性的推理和必然性的推理。如果推理得出的知识是或然性的——其真实性可能对也可能不对，这样的推理称为或然性推理；如果推理得出的知识真实可信，结论正确无误，这样的推理称为必然性推理，也称确实性推理。

（2）根据推理所依据的前提是一个或多个而将推理划分为直接推理和间接推理。

（3）根据推理过程的方向，将推理分为归纳推理、类比推理和演绎推理。

以下分别就数学中最常见的归纳推理、类比推理和演绎推理予以论述：

1. 归纳推理

所谓归纳推理是从特殊事例中概括出一般的原理或方法的思维形式。简言之，归纳推理是由特殊到一般的推理。它从个别的、单一的事物的数与量的性质、特点和关系中，概括出一类事物的数与量的性质、特点和关系，并且由不太深刻的一般到更为深刻的一般，由范围不太大的类到范围更为广泛的类，在归纳过程中，认识从单一到特殊再到一般。总体来说，人们的认识过程是从观察和试验开始的，在观察和试验的基础上，人们的思维逐步形成了抽象和概括。在把各个对象的特殊情形概括为一般性的认识过程中，便能建立起概念和判断，得出新的命题，在这个过程中离不开归纳推理。

归纳有三个方面的基本作用：

（1）归纳是一种推理方法，从它可以由两个或几个单称判断或特称判断（前提）得出一个新的全称判断（结论）。

（2）归纳是一种研究方法，当需要研究某一对象集（或某一现象）时，用它来研究各个对象（或各种情况），从中找出各个对象集所具有的性质（或者那个现象的各种情况）。

（3）归纳还是一种教育学的方法。

人们为什么运用归纳推理能从个别事例归纳一般性的结论呢？这是因为客观事物中，个别中包含一般，而一般又存在于个别之中，这样一来，同类事物必然存在于相同的属性、关系和本质。世间一切现象的发生，并非都是毫无秩序、杂乱无章的，而是有规律的，这一规律性，就表现在各个现象的性质以及各过程的不断重复中，而这种重复性正好成为归纳推理的客观基础。

归纳推理有完全归纳推理和不完全归纳推理，由于观察了某类中全体对象都具有某种属性，从而归纳得出该类也具有这种属性，这种推理称之为完全归纳推理；如果由观察、研究某类中一些事物具有某种属性，就归纳出该类全体也具有这种属性，这种推理称之为不完全归纳推理。

2. 演绎推理中

所谓演绎推理是指根据一类事物都具有的一般属性、关系和本质来推断该类中个别事物所具有的属性、关系和本质的推理方法。简而言之，它是从一般到特殊的推理。

演绎推理的典型形式是三段论式。在三段论式中，我们把关于一类事物的一般性判断称作大前提，把关于属于同类事物的某个具体事物的特殊判断称作小前提。把根据一般性判断和特殊判断而对该具体事物做出的新判断称作结论，这样一来之三段论式的结构通常就是由大前提、小前提和结论三部分构成。那么，三段论式推理便是这样一种推理过程：由大前提提供一个关于一类事物的一般性判断，由小前提提供一个关于某个具体事物的特殊判断，然后通过大前提与小前提之间的关系得出结论。三段论式中如果大前提和小前提都真实，则按照三段论式推出来的结论必定真实。因此，三段论式作为演绎推理是一种严谨的推理方法。它是数学中被广泛应用的一种推理方法。

3. 类比推理

所谓类比推理是指根据两个或两类对象有一部分属性相类似，推出这两个或两类对象的其他属性亦相类似的思维形式。简而言之，类比推理是一种从特殊到特殊，从一般到一般的推理。物理学家开普勒说过：“我最珍视类比，它是我最可靠的老师。”这就道出了类比在科学中的作用和意义。

科学研究（包括数学学习）本身就是利用现有的知识来认识未知对象以及对象未知方面的活动。人们在向未知领域探索的时候，常常把它们与已知领域作对接，找出它们与熟悉对象之间的共同点，再利用这些共同点作为桥梁去推测未知方面。人类的许多发明创造和某一学科的新概念、新体系的提出，开始往往是从相似的事物、对象的类比中得到启发并加以引申，深入下去获得成功的。

利用类比可以使我们获得新知识、新发现，也可以使我们在论证过程中增强说服力。对数学学习来说，类比确实可以帮助学生发现有意义的真命题。况且类比推理常常成为联系着新旧知识的一种逻辑方法,所以它在数学的教与学中是常用的推理方法。如果学生一旦养成了类比的习惯，掌握了一定的方法要领，思路就会变宽，思维就会活跃。因此，类比推理在数学学习中有着重要的意义，它是一种不可缺少的思维形式。由于类比推理的客观根据是对象间的类比性，类比性程度高，结论的可靠性程度就高；类比性程度低，结论的可靠性程度就低。对象间的类比可能是主要的、本质的、必然的，也可能是次要的、表象的、偶然的。如果对象间的共有属性是主要的、本质的、必然的，那么结论就是可靠的；如果对象间的共有属性是次要的、表象的、偶然的，那么推移属性就不一定可靠。因此类比推理的结论具有或然性质，可能正确也可能错误，要真正确认结论是否正确，还必须通过证明。所以类比推理不是论证，由类比推理得到的判断，只能作为猜想或假设。

类比法的形式比较简单，因此在数学发现中有着广泛的应用。比如，数与式之间，平面与空间之间，一元与多元之间，低次与高次之间，相等与不相等之间，有限与无限之间等，都可以类比。

定理是数学知识体系中的重要组成部分，也是后继知识的基础和前提，因此，定理教学是整个教学内容中的一个重要环节。所以在定理教学中应注意以下几个方面：

1. 要使学生了解定理的由来

数学定理是从现实世界的空间形式或数量关系中抽象出来的，一般来说，数学中的定理在现实世界中总能找到它的原型。在教学中，一般不要先提出定理的具体内容，尽量先让学生通过对具体事物的观察、测量、计算等实践活动，来猜想定理的具体内容。对有些较抽象的定理，可以通过推理的方法来发现。这样做有利于学生对定理的理解。

2. 要使学生认识定理的结构

这就是说，要指导学生弄清定理的条件和结论，分析定理所涉及的有关概念、图形特征、符号意义，将定理的已知条件和求证准确而简练地表达出来，特别要指出定理的条件与结论的制约关系。

3. 要使学生掌握定理的证明思路

定理的证明是定理教学的重点，首先应让学生掌握证明的思路和方法。为此，在教学中应加强分析，把分析法和综合法结合起来使用。一些比较复杂的定理，可以先以分析法来寻求证明的思路，使学生了解证明方法的来龙去脉，然后用综合法来叙述证明的过程。叙述要注意连贯、完整、严谨。这样做，可以使学生对定理的理解，不仅知其然，而且知其所以然，有利于掌握和应用。

4. 要使学生熟悉定理的应用

一般说来，学生是否理解了所讲的定理，要看他是否会应用定理，事实上，懂而不会应用的知识是不牢靠的，是极易遗忘的。只有在应用中加深理解，才能真正掌握，因此，应用所学定理去解答有关实际问题，是掌握定理的重要环节。在定理的教学中，一般可结合例题、习题教学，让学生动脑、动口、动笔，领会定理的适用范围，明确应用时的注意事项。把握应用定理所要解决问题的基本类型。

5. 指导学生整理定理的系统

数字的系统性很强，任何一个定理都处在一定的知识系统之中。要让学生弄清每个定理的地位和作用以及定理之间的内在联系，从而在整体上、全局上把握定理的全貌。因此，在定理教学过程中，应瞻前顾后，搞清每个定理在知识体系中的地位和作用，指导学生在每个阶段总结时，运用图示、表解等方法，把学过的定理进行系统地整理。

公式是一种特殊形式的数学命题。不少公式也是以定理的形式出现的，如微分公式、牛顿——莱布尼兹公式、傅立叶级数展开公式等，因此，如上所述的定理教学的要求，同样也适用于公式教学。由于公式还具有一些自身的特点，所以在公式的教学中，要重视公式的意义，掌握公式的推导；要阐明公式的由来，指导学生善于对公式进行变形和逆用；注意根据公式的外形和特点，指导学生记忆公式。如分部积分公式、向量叉积计算公式的记忆特征等。

此外，还应注意考虑以下若干问题：

（1）定理或公式的条件是什么，结论是什么，它是怎么得来的？

（2）定理或公式的结论是怎样证明的，证明的思路是怎样想到的，能不能用别的方法来证明，它和以前学过的某些定理、公式有何本质上的联系？

（3）定理或公式有什么特点，适用于解决哪些类型的问题？应用时有哪些注意事项？

（5）根据学生的实际情况，有时还可以适当加强或减弱定理的条件，看看能得到什么有益的结论。

二、数学中的矛盾概念与反例

美国数学家 B.R. 盖尔鲍姆与 J.M.H. 奥姆斯特德在《分析中的反例》一书中指出："数学由两个大类——证明和反例组成，而数学的发现也是朝着两个主要的目标提出证明和构造反例。"数学中的反例，是指出某个数学命题不成立的例子，是对某个不正确的判断的有力反驳。对于数学概念、定理或公式的深刻理解起着重要的作用，给学生留下的生动印象是难以磨灭的。正如《分析中的反例》的作者所言："一个数学问题用一个反例解决，给人的刺激犹如一出好的戏剧。"让人从中"得到享受和兴奋"。

反例与特例或反驳、反设与反证、伪证在高等数学中随处可见，作为数学猜想、数学证明、数学解题时的一种补充和思维的工具，作为培养学生的创新思维意识是值得重视的一个方面。

数学是一种巧智，要举出不同层次数学对象的反例需要一定的数学素养。寻求（或构造）反例的过程既需要数学知识与经验的积累，也需要发挥诸如观察与比较、联想与猜想、逻辑与直觉、逆推、反设、反证以及归纳、演绎、计算、构造等一系列辩证的互补的数学思想方法与技巧。作为反例与矛盾概念的教学，一般要掌握这样三点：第一，它是相对于数学概念与某个命题而言的；第二，它是一个具体的实例，能够说明某一个问题；第三，它是一种思想方法，是指出纠正错误数学命题的一种有效方法。一个假命题从不同的侧面可以构造出很多的反例，一个反例往往指明一个事例。当命题中有多个条件时，可能会产生多个反例。因为反例是相对于命题、判断而言的，所以我们对反例进行分类时，也应该从数学命题的不同结构以及条件、结论之间的关系中进行归纳与划分。

常将数学中的反例划分为以下三种类型：

1. 基本型的反例

数学命题有四种基本形式：全称肯定判断；全称否定判断；特称肯定判断；特称否定判断。其中，一与四、二与三是两对矛盾关系的判断，符合这种矛盾关系的两个判断可以互相作为反例。如"所有连续函数都是可导函数"，这是一个全称肯定判断。

2. 关于充分条件假言判断与必要条件假言判断的反例

充分条件的假言判断，是断定某事物情况是另一事物情况的充分条件的假言判断。可以表述为“有前者，必有后者”。但是“没有前者，不一定没有后者”，可以举反例“没有前者，却有后者”来说明。这种反例成为关于充分条件假言判断的反例。

3. 条件改变型反例

当数学命题的条件改变（增减或伸缩）时，结论不一定正确。为了说明这个事实所要举出来的反例，称为条件改变型反例。这种方法在阐述一些数学基本理论时会经常使用。

从数学方法和教学角度看，反例在数学中的作用是不可忽视的，其作用可以概括为以下三个方面：

1. 发现原有理论的局限性，推动数学向前发展

数学在向前发展过程中，要同时做两方面的工作，一是发现原有理论的局限性；二是建立新的理论，并为新理论提供逻辑基础。而发现原有理论的局限性，除了生产与科学实验新的需求以外，很大程度上靠举反例来进行。特别在数学发展的转折时期，典型的反例推动着新理论的诞生，比如收敛的连续函数级数的和函数，当时连大数学家柯西都认为是连续的，后来却举出了反例，从而引出了一致收敛的概念。狄利克雷函数在黎曼意义下不可积，却启发了不同于黎曼积分的新型积分——勒贝格积分的诞生。著名的希尔伯特23个数学问题，目前在已获部分解决或完全解决的一多半问题中，反例起到了重要的作用。数学史证明，对数学问题与数学猜想，能举出反例予以否定，与给出严格证明是同等重要的。

2. 澄清数学概念与定理，为数学的严谨性与科学性做出贡献

数学中的概念与定理有许多结构、条件结论十分复杂，使人们不容易理解。反例则可以使概念更加确切与清晰，把定理条件与结论之间的关系揭示得一清二楚。一个数学问题用一个反例予以解决，给人的刺激犹如一出好的戏剧，使人终生难忘。

3. 数学中注意适当引用反例，能帮助学生加深对数学知识的理解与掌握

数学是一门严密的抽象的思维科学，它有自己独特的思维方法，不能凭直观或想当然去理解它，否则往往会“差之毫厘，失之千里”。因此，在数学教学中，让学生掌握严密的逻辑推理和各种思维方法的同时，学会举反例亦十分重要。特别在概念与定理的教学中，构造出巧妙的反例，能使概念与定理变得简洁明快，容易掌握。在习题训练的教学中，举反例是反驳与纠正错误的有效办法，是学生进行创造性学习的有力武器。

三、数学思维与数学思想方法

学习数学，不仅要掌握数学的基本概念、基本知识和重要理论，而且还要注重培养数学思想，增强数学素质，提高数学能力。数学教学的效果和质量，不仅仅表现为学生深刻熟练地掌握总的数学学科的基础知识和形成一定的基本技能，而且表现为通过教学发展学生的数学思维和提高能力。

在数学的教学过程中，经常采用的思维过程有：分析——综合过程，归纳——演绎过程，特殊——概括过程，具体——抽象过程，猜测——搜索过程，并且还会充分的运用概念、判断、推理等的思维形式。从思维的内容来看，数学思维有三种基本类型：一是确定型思维，二是随机型思维，三是模糊型思维：所谓确定型思维，就是反映事物变化服从确定因果联系的一种思维方式，这种思维的特点是事物变化的运动状态必然是前面运动变化状态的逻辑结果。所谓随机型思维，就是反映随机现象统计规律的一种思维方式。具体一点来说，就是事物的发展变化往往有几种不同的可能性，究竟出现哪一种结果完全是偶然的、随机的，但是某一种指定结果出现的可能性是服从一定规律的。就是说，当随机现象由大量成员组成时，或者成员虽然不多，但出现次数很多的时候就可以显示某种统计平均规律。这种统计规律在人们头脑中的反映就是随机型思维。确定型思维和随机型思维，虽然有着不同的特点，但它们都是以普通集合论为其理论基础的，都可以分明地精确地进行刻画，但是在客观现实中还有一类现象，其内涵、外延往往是不明确的，常常呈现“亦此亦彼”性。为了描述此类现象，人们使用模糊集论的数学语言去描述，用模糊数学概念去刻画。从而创造了对复杂模糊系统进行定量描述和处理的数学方法。这种从定量角度去反映模糊系统规律的思维方式就是模糊型数学思维。上述三种思维类型是人们对必然现象、偶然现象和模糊现象进行逻辑描述或统计描述或模糊评判的不可缺少的思维方法。

数学思维的方式，可以按不同的标准进行分类。按思维的指向是沿着单一方向还是多方向进行，可以划分为集中思维（又叫收敛思维）与发散思维；根据思维是否以每前进一步都有充足理由为其保证而进行，可以划分为逻辑思维与直觉思维；根据思维是依靠对象的表征形象或是抽取同类事物的共同本质特性而进行，可以划分为形象思维与抽象思维。现在有人又根据思维的结果有无创新，将其划分为创造性思维与再现性思维。

（一）集中思维和发散思维

集中思维是指从同一来源材料探求一个正确答案的思维过程，思维方向集中于同一方向。在数学学习中，集中思维表现为严格按照定义、定理、公式、法则等，使思维朝着一个方向聚敛前进，使思维规范化。

发散思维是指从同一来源材料探求不同答案的思维过程，思维方向发散于不同的方面。在数学学习中，发散思维表现为依据定义、定理、公式和已知条件，思维朝着各种可能的方向扩散前进，不局限于既定的模式，从不同的角度寻找解决问题的各种的途径。

集中思维与发散思维既有区别，又是紧密相连不可分割的。例如，在解决数学问题的过程中，解答者希望迅速确定解题方案，找出最佳答案，一般表现为集中思维；他首先要弄清题目的条件和结论，在这个过程中就会有大量的联想产生出来，这表现为发散思维；接下来他若想到有几种可能的解决问题的途径，这仍表现为发散思维；然后他对一个或几个可能的途径加以检验，直到找出正确答案为止，这又表现为集中思维。由此可见，在解决问题的过程中，集中思维与发散思维往往是交替出现的。当然，根据问题的性质和难易程度，可以发现有时集中思维占主导地位，有时发散思维占主导地位。通常，在探求解题方案时，发散思维相对突出，而在解题方案确定以后，在具体实施解题方案时，集中思维相对突出。

（二）逻辑思维与直觉思维

逻辑思维是指按照逻辑的规律、方法和形式，有步骤，有根据地从已知的知识和条件中推导出新结论的思维形式。在数学学习中，这是经常运用的，所以学习数学是十分有利于发展学生的逻辑思维能力。直觉思维是未经过一步步分析推证，没有清晰的思考步骤，而对问题突然间的领悟、理解得出答案的思维形式。通常把预感、猜想、假设、灵感等都看作直觉思维。亚里士多德曾说过：“灵感就是在微不足道的时间里通过猜测抓住事物本质的联系。”布鲁纳说：“在数学中直觉概念是从两种不同的意义上来使用的：一方面，说某人是直觉的思维者，即他花了许多时间做一道题目，突然间做出来了，但是还须为答案提供形式证明。另一方面，说某人是具有良好直觉能力的数学家，意即当别人向他提问时，他能够迅速做出很好的猜想，判定某事物是不是这样，或说出在几种解题方法中哪一种有效。”直觉思维往往表现在长久沉思后的“顿悟”，它具有下意识性和偶然性。没有明显的根据与思索的步骤，而是直接把握事物的整体，洞察问题的实质，跳跃式地突如其来地迅速指出结论，而很难陈述思维的出现过程。

布鲁纳在分析直觉思维不同于分析思维（即逻辑思维）的特点时，指出：“分析思维的特点是每个具体步骤均表达得很清晰，思考者可以把这些步骤向他人叙述。进行这种思维时，思考者往往相对地完全意识到其思维的内容和思维的过程。与分析思维相反，直觉思维的特点却是缺少清晰的确定步骤，它倾向于首先就一下予以对整个问题的理解为基础进行思维，人们获得答案（这个答案可能对或错）而意识不到他赖以求得答案的过程（假如一般来讲这个过程存在的话）。通常，直觉思维基于对该领域的基础知识及其结构的了解，正是这一点才使得一个人能以飞跃、迅速越级和放过个别细节的方式进行直觉思维；这些特点需要用分析的手段——归纳和演绎—对所得的结论加以检验。”直觉思维在解决问题中有重要的作用，许多数学问题，都是先从数与形的直觉感知中得到某种猜想，然后再进行逻辑证明的。因此，培养学生的直觉思维与逻辑思维不能偏废，应该很好的结合起来。

（三）抽象思维与形象思维

形象思维是指通过客体的直观形象反映出数学对象“纯粹的量”的本质和规律性的关系的思维。因此形象思维是与客体的直观形象密切联系和相互作用的一种思维方式。数学形象性材料，具有直观性、形象概括性、可变换性和形象独创性（主要表现为几何直觉），与数学抽象性材料（如概念、理论）不同。所以抽象思维所提供的是关于数学的概念和判断，而形象思维所提供的却是各种数学想象、联想与观念形象。在数学教育中，一直是抽象逻辑思维占统治地位，难道形象思维在教学中就不能为自己争取一席之地吗？其实不然。那么，形象思维的科学价值和教育意义又何在呢？

1. 图形语言和几何直观为发展数学科学提供了丰富的源泉，数学科学发展的历史告诉人们，许多数学科学概念脱离不开图形语言（其中尤其是几何图形语言），许多数学科学观念的形成也都是借助图形形象而触发人的直觉才促成的。如证明拉格朗日微分中值定理时所构造的辅助函数，无疑是受几何图形的启示。

在现代数学中经常出现几何图形语言的原因，不仅仅是由于有众多的数学分支是以几何形象为模型抽象建立的，而且由于图像语言是与概念的形成紧密相连的。代数和分析数学中经常出现几何图形语言，显示了在某种意义上几何形象的直觉渗透到一切数学中。为什么像希尔伯特空间的内积和测度论的测度，这样一些十分抽象的概念，在它们的形成和对它们的理解过程中，图形形象仍然保持其应有的活力呢？显然，这是因为图形语言所能启示的东西是很重要的、直观的和形象有趣的。

2. 图形是数学和其他自然科学的一种特殊的语言，它弥补了口述、文字、式子语言的不足，能处理一些其他语言形式无法表达的现象和思维过程正像符号语言由于文字符号参加运算使数学思维过程变得简单一样，数学图形语言具有直观、形象，易于触发几何直觉等特点和优点。如计算积分时，先画出积分区域，对选择积分顺序是十分有益的。学生学会用图形语言来进行思考，同会用符号语言来进行思考一样，对人类的发展进步都是极为重要的。

3. 如果说符号语言具有抽象的特点，那么数学中的图形语言具有直观形象的特点，发展这两种语言都是重要的发展符号语言有利于抽象思维的发展，发展图形语言却有利于形象思维的发展。

4. 正如前述，人们在思考问题过程中，视觉形象、经验形象和观念形象是经常起作用，例如，学生在学习数学过程中，尤其在解题时这种形象往往浮现在眼前，活跃在脑海中，用以搜寻有用的信息，来激活解题思路。对于典型解法、解题经验等形象有时虽然时隔已久，但在用得着时，这种形象便会复活起来，跃然纸上。不仅如此，学生学习数学时，而且还常常表现出一种趣向：对抽象的数学概念总喜欢从几何上给出形象说明，即几何意义，有时即便是纯代数问题，也会唤起他们的几何形象。

综上所述，形象思维不仅对数学科学有很高的科学价值，而且对培养教育人才具有十分重要的意义。

数学思想是指对数学活动的基本观点，泛指某些具有重大意义、内容比较丰富、思想比较深刻的数学成果或者是指数学科学及其认识过程中处理数学问题时的基本观念、观点、意识与指向。数学方法是在数学思想的指导下，为数学活动提供思路和手段及具体操作原则的方法。二者具有相对性，即许多数学思想同时也是数学方法。虽然有些数学方法不能称为数学思想，但大范围内的数学方法也可以是小范围内的数学思想。大家知道，数学知识是数学活动的结果，它借助文字、图形、语言、符号等工具，具有一定的表现形式。数学思想方法则是数学知识发生过程的提炼、抽象、概括和升华，是对数学规律更一般的认识，它蕴藏在数学知识之中，需要学习者去挖掘。

在高等数学中，基本的数学思想有：变换思想、字母代数思想、集合与映射思想、方程思想、因果思想、递推思想、极限思想、参数思想等。基本的数学方法，除了一般的科学方法——观察与实验、类比与联想、分析与综合、归纳与演绎、一般与特殊等之外，还有具有数学学科特点的具体方法—配方法、换元法、数形结合法、待定系数法、解析法、向量法、参数法等。这些思想方法相互联系、沟通、渗透、补充，将整个数学内容构成了一个有机的、和谐统一的整体。

数学思想方法的学习，贯穿于数学学习的始终。某一种思想方法的领会和掌握，需经较长时间、不同内容的学习过程，往往不能靠几次课就能奏效。它既要通过教师长期的、有意识的、有目的地启发诱导，又要靠学生自己不断体会、挖掘、领悟、深化。数学思想方法的学习和掌握一般经过三个阶段：

1. 数学思想方法学习的潜意识阶段

数学教学内容始终反映着两条线，即数学基础知识和数学思想方法。数学教材的每一章节乃至每一道题，都体现着这两条线的有机结合，这是因为没有脱离数学知识的数学思想方法，也没有不包含数学思想方法的数学知识。在数学课上，学生往往只注意了数学知识的学习，注意了知识的增长，而未曾注意联想到这些知识的观点以及由此出发产生的解决问题的方法与策略。即使有所觉察，也是处于“朦朦胧胧”“似有所悟”的境界。例如，学生在学习定积分概念时，虽已接触“元素法”的思想：以直线代替曲线、以常量代替变量，但都属于无意识的接受，知其然不知其所以然。

2. 数学思想方法学习的明朗化阶段

在学生接触过较多的数学问题之后，数学思想方法的学习逐渐过渡到明朗期，即学生对数学思想方法的认识已经明确，开始理解解题过程中所使用的探索方法与策略，并能概括、总结出来。当然，这也是在教师的有意识的启示下逐渐形成的。

3. 数学思想方法学习的深刻化阶段

数学思想方法学习的进一步要求是对它深人理解与初步应用。这就要求学习者能够根据题意，恰当的运用某种思想方法进行探索，以求得解决问题。但实际上，数学思想方法学习的深化阶段是进一步学习数学思想方法的阶段，也是实际应用思想方法的阶段。通过这一阶段的学习，学习者基本上掌握了数学思想方法，达到了继续深入学习的目的。在“深化期”，学习者将接触探索性问题的综合题，通过解决这类数学题，掌握寻求解题思路的一些探索方法。

五、数学能力的培养与发展

能力往往是指一个人迅速、成功地完成某种活动的个性特征。数学能力是指一个人迅速、成功地完成数学活动（数学学习、数学研究、数学问题解决）的一种个性特征。数学能力从活动水平上可以分为“再造性”数学能力和“创造性”数学能力。所谓再造性数学能力是指迅速而顺利地掌握知识、形成技能和灵活运用知识、技能的能力。

这通常表现为学生学习数学的能力。所谓创造性数学能力是指在数学研究活动中，发现数学新事实、创造新成果的能力。显然，这两种能力既有联系又有区别。一般来说，再造性数学能力并不等于创造性数学能力，但创造性数学能力的提高需要再造性数学能力为基础。因此，对高等数学教学来说，再造性数学能力当然是重要的，因为它是创造性数学能力的基础，但创造性数学能力的培养也不可小觑。

数学能力从结构上可以分为：数学观察能力、数学记忆能力、逻辑思维能力、空间想象能力。有人也将运算能力和解题能力归人其中，本书仅对前四种能力给予讨论。

（一）数学观察能力

观察是一种有目的、有计划、持久的知觉活动。数学观察能力，主要表现在能迅速抓住事物的“数”和“形”这一侧面，找出或发现具有数学意义的关系与特征；从所给数学材料的形式和结构中正确地、迅速地辨认出或分离出某些对解决问题有效的成分与“有数学意义的结构”。数学观察能力是学生学习数学活动中的一种重要智力表现，如果学生不能主动地从各种数学材料中最大限度地获得对掌握数学有用的信息，要想学好数学那将是困难的。为了有效地发展学生的数学观察能力，数学教学除了注意培养学生观察的目的性、持久性、精确性和概括性外，还必须注意引导学生从具体事实中解脱出来，把注意力集中到感知数量之间的纯粹关系上。

（二）数学记忆能力

所谓记忆，就是指过去发生过的事情在人的头脑中的反映，是过去感知过和经历过的事物在人的头脑中留下的痕迹。数学记忆虽与一般记忆一样，经历识记、保持、再认与回忆三个基本阶段，但仍具有自身的特性。首先，从记忆的对象来看，它所识记的是通过抽象概括后用数学语言符号表示的概念、原理、方法等的数学规律和推证模式与解题方法，完全脱离了具体的内容，具有高度的抽象性与概括性。其次，要把识记的数学知识、思想方法保持和巩固下来，能随时提取与应用，就必须理解用数学语言符号所表示的数学内容与意义，否则就难以保持、巩固，更不可能用它来解决问题。最后，数学记忆具有选择性与组织性，即把所学数学知识进行思维加工，精练、概括有关的信息，略去多余的信息，提炼出知识的核心成分，分层次组成一个知识系统，以便于保持与应用。数学记忆能力就是指记忆抽象概括的数学规律、形式结构、知识系统、推证模式和解题方法的能力。

因此，数学记忆的本质在于，对典型的推理和运算模式的概括的记忆。正像俄罗斯数学家波尔托夫所指出的："一个数学家没有必要在他的记忆中保持一个定理的全部证明，他只需记住起点和终点以及关于证明的思路。"

（三）逻辑思维能力

逻辑思维是在感性认识的基础上，运用概念、判断、推理等形式对客观世界的间接的、概括的反映过程。它包括形式思维和辩证思维两种形态。形式思维是从抽象同一性，相对静止和质的稳定性等方面去反映事物的；辩证思维则是从运动、变化和发展上来认识事物的。在数学发现中，既需要形式思维，又需要辩证思维，二者是相辅相成的。因为数学是一门逻辑性很强、逻辑因素十分丰富的科学，因此，一般来说，数学对发展学生的逻辑思维能力起着特殊的重要作用，这是因为在学习数学时一定要进行的各种逻辑训练。

数学教学，所谓教，从根本上来说，就是教学生学会思维。教会学生思维，重要的是教会推理，因为，推理能力是思维能力的核心。教会学生懂得什么叫"推理论证"不是一件轻而易举的事情，这种能力的形成不仅要贯穿在整个教学过程中，而且尤其集中体现在解题教学中。因为，实践证明解题是发展学生思维和提高他们的数学能力的最有效的途径之一。逻辑思维能力主要包括分析与综合能力，概括与抽象能力，判断能力与各种推理能力。下面我们就来分别阐述这几种能力：

1. 分析与综合能力

在数学中，所谓分析，就是指由结果追溯到产生这一结果的原因的一种思维方法。用分析法分析数学问题时，经常是将需要证明的命题的结论本身作为论证的出发点，通过逻辑证明的步骤，把这个命题归结为已知的真命题。所谓综合，就是指从原因推导到由原因产生的结果的一种思维方法。用综合法来证明数学问题时，一般是先找出适当的真命题（通过分析法来找），按照逻辑论证的步骤，逐渐将这个真命题变形到我们需要证明的结论上去。

人们在思考实际问题的过程中，分析与综合往往是结合起来使用的，分析中有综合，综合中也有分析。不过在证明数学问题时，一般是先用分析法来分析论题，找出使结论成立的必要条件，然后用综合法来进行表述，同时证明了条件是充分的，从而完成了证明。这样便为人们证明问题提供了一个完整的思考问题的过程。如果这种分析—综合机能，以一定的结构形式在一个人身上固定下来，形成一种持久的、稳定的个性特征，这便是分析—综合能力。利用极限定义验证极限时所采用的方法就充分体现了这种能力；再如本章第一节末，论述的微分概念的教学方法模式，也非常有助于分析与综合能力的提高。在数学学习中这是一种基本而又十分重要的能力。分析与综合有着很高的科学价值和认识价值，因为分析是通向发现之路，而综合是通向论证之路。

2. 概括与抽象能力

所谓概括，就是指摆脱具体内容，并且在各种对象、关系运算的结构中，抽取出相似的、一般的和本质的东西的思维过程。人们在对数学对象进行概括时，一方面必须注意发现数学对象之间相似的情境，另一方面必须掌握解法的概括化类型和证明或论证的概括化模式。如果这种概括技能以某种结构形式在一个人身上固定下来，形成一种持久的、稳定的个性特征，这就是概括能力。概括能力一般表现为：①从特殊的和具体的事物中，发现某些一般的，他已经知道的东西的能力，也就是把个别特例纳人一个已知的一般概念的能力；②从孤立的和特殊的事物中看出某些一般的，尚未为他所知道的东西的能力，也就是从一些特例推演出一般，并形成一般概念的能力。

所谓抽象，就是在头脑中舍弃所研究对象的某些非本质的特征，揭示其本质特征的思维过程。抽象是以一般的形式反映现实，从而是对客观现实的间接的、媒介的再现。对感觉的经验与实践所得到的映像，进行抽象的思考，经过这样的过程得到的认识，却比直接的感性经验更深刻、更正确地反映现实。

抽象反映在思维过程中表现为善于概括归纳，逻辑抽象性强，善于抓住事物的本质，开展系统的理性活动。如果这种抽象的机能以一定的结构形式在个体身上固定下来，形成一种持久的、稳定的个性特征，这就是抽象能力。

从一定意义上来讲，概括和抽象是数学的本质特征，数学思维主要是概括和抽象思维。因为数学是最抽象的科学，数学全部内容都具有抽象的特征，不仅数学概念是抽象的、思辩的，就连数学方法也是抽象的、思辩的。从具体材料中，即从数、已知图形、已知关系中进行抽象的能力是一项重要的数学能力。我们必须要运用抽象思维来学习数学，同时在学习数学的过程中来培养和提高抽象思维的能力。

3. 判断与推理能力

所谓判断，就是指反映对象本身及其某些属性和联系存在或不存在的思维形式。数学中的判断，通常称为命题。数学命题是反映概念之间的逻辑关系的。掌握命题的结构、命题的基本形式及其关系以及数学命题中充分条件和必要条件等都是数学判断的基本内容。在思维中，概念不是毫无关联地堆积在一起的，而是以一定的方式彼此联系着的。判断是概念相互联系的形式。每一个判断中都确定了几个概念之间的某种联系或关系，而且判断本身就肯定这些概念所包含的对象之间存在联系和关系。如果这种判断机能以某种结构形式在个体身上固定下来，形成一种持久的、稳定的个性特征，这就是判断能力。

所谓推理，就是由一个或几个判断推出另一个新的判断的思维过程。思维之所以能得以实现概括地、间接地认识过程，主要是由于有推理过程存在。在数学中，提出问题，明确问题、提出假设，检验假设，这一系列思维过程的完成，主要的途径也是依靠了逻辑推理。

数学中的正确推理要求前提是真实，并且遵循逻辑规则来正确运用推理形式，以得出真实的结论。根据已经建立的概念及已经承认的真命题，遵循逻辑规律运用正确逻辑推理方法来证明命题的真实性，是探索数学新事实和学习数学的重要的思维过程。如果这种推理的机能以一定的结构形式在个体身上固定下来，形成一种持久的、稳定的个性特征，这就是推理能力。在数学中，不论是定理的证明、公式的推导、习题的解答，还是在实际工作中与数学有关的问题的提炼与解决，都需要逻辑推理能力。

4. 空间想象能力

空间想象能力，是指人们对于客观存在着的空间形式，即物体的形态、结构、大小、位置关系，进行观察、分析、抽象、概括，在头脑中形成反映客观事物的形象和图形，正确判断空间元素之间的位置关系和度量关系的能力。在数学中，空间想象能力体现为在头脑中从复杂的图形中区分基本图形，分析基本图形的基本元素之间的度量关系和位置关系（垂直、平行、从属及其基本变化关系等）的能力；需要借助图形来反映并思考客观事物的空间形状和位置关系的能力；借助图形来反映并思考用语言或式子来表达空间形状和位置关系的能力。空间形状和位置关系的直观想象能力在数学中是基本的、重要的，对学生来说，这种能力的形成是较为困难的。

在数学教学中，培养学生的空间想象能力，主要有以下几方面的要求：

（1）能想象出几何概念的实物原型。

（2）熟悉基本的几何图形，能正确地画图，在头脑中分析基本图形的基本元素之间的位置关系和度量关系并能从复杂的图形中分解出基本图形。

（3）对于客观存在着的空间模型，能在头脑中正确地表达出来，形成空间观念。

（4）能借助图形来反映并思考客观事物的空间形状及位置关系。

（5）能借助图形来反映并思考用语言或式子所表达的空间形状及位置关系。

发展和提高学生的数学能力，是数学教育目标的一个重要组成部分，这是因为在科学技术迅猛发展，知识更新加剧的现代社会，学生在校学习掌握的知识技能不可能一劳永逸地满足其一生工作的需要，所以学校的教育要授人以“渔”，要“教会学生如何学习，培养学生自主学习的能力”。

第五章　高等数学学习方法

第一节　高等数学的发展历史及学习方法

高等数学是大学理工科、管理学、经济学等专业学生必修的一门非常重要的数学公共基础课，也是大学生进修为硕士研究生时必考的科目。数学一、数学二和数学三在全国统一的硕士研究生入学考试中，高等数学知识分别占 56%、78% 和 56%。笔者简要地介绍数学发展的大致历程，目的是为了使大家更进一步地了解高等数学在数学中所占的重要地位。

第一阶段：数学萌芽阶段。这个阶段起于远古时代，终于公元前的 5 世纪。这一阶段对数学的发展做出重要贡献的主要是中国、巴比伦、埃及和印度。人类由于长期的生产实践，在这个时期积累了很多数学知识，由此逐渐地产生了数的概念，出现了自然数和分数，比较简单的几何形状，如矩形、正方形、圆形、三角形等。也产生了数的运算方式，如记数方法、数的符号、计算方法等。因为天文观测与田亩度量的需要，促进了几何学的初步萌芽。由于这些零碎的、片段的知识，既缺乏了逻辑性，又没有形成完整的、严格的体系，因此几乎看不到演绎推理、命题的证明和公理化系统，这个时期的几何和数学其实并未分开。

第二阶段：初等数学阶段。这个时期为变量数学时期，从公元前 6、7 世纪开始，到 17 世纪中叶结束，整个过程持续了 2000 多年之久。前一阶段与这个阶段的区别在于，前者研究客观世界的个别要素时用的是静止的方法，而这一时期探究事物变化和发展规律时用的是运动和变化的观点，算术、初等代数、初等几何、三角学等在这个时期都已成为独立的分支。现在中学课程的主要内容大多是这个时期的基本成果。许多闻名世界的大数学家在初等数学时期出现，并在数学领域硕果累累，比如祖冲之、刘徽、李冶、王孝通、朱世杰、秦九韶等人。也出现了在数学方面相关的著作，尤其是《九章算术》在中国数学历史上甚至在世界数学历史上都占有举足轻重的地位，受到中外数学家的高度重视。我国数学研究在世界上长期处于领先地位。

第三阶段：高等数学阶段。这个时期即为变量数学，开始于 17 世纪中叶笛卡尔解析几何的诞生，19 世纪中叶终止。和前一阶段的主要区别是，前一时期研究客观世界的个别要素时用的是静止的方法，而在这一时期研究事物变化和发展的规律用的是运动和变化的观点。在这个时期里，伴随着数学中进入了变量与函数的概念，微积分产生了。这个时期虽然也出现了新的数学分支比如射影几何和概率论等，但似乎都被微积分过分强烈的光芒遮盖了它们的光彩。

第四阶段：现代数学时期。这个时期从 19 世纪中叶开始，以几何、代数、数学分析中的深刻变化为标志。后来代数、几何、数学分析变得越来越抽象，此时几何得到了新发展，扩大了几何的应用范围和对象；产生了非欧几里得几何；提出了无限维空间的概念。代数扩展了所研究的“量”，提出了群、域、环和抽象代数。在分析中也产生了新方向、新理论，如实变函数论、函数逼近论、复变函数论、微分方程定性理论、泛函分析、积分方程论等相继出现，促进分析学的发展跃上了一个新阶段。

在大家了解了高等数学发展的历史过程后，再来谈谈大学生怎样才能学好高等数学，主要从以下五个方面来论述。

（2）一个高中生进入大学后，要尽快适应新的环境，不仅从心理上适应，而且还要注意中学时学习方法的改变。进入大学学习后，在学习方法上将需要进行很大的转变。首先会不适应大学的教学方式方法，对于高等数学这门课反应非常明显，由于这门课对于大一新生来讲理论性特别强，而他们在中学习惯于单一性和模仿性的学习方法，这是一直以来形成的习惯，一时之间很难改变。大学的教学方式方法与中学千差万别，中学的学生是在老师的直接指导下实施单一的学习和模仿，而大学生进行的是创造性学习，比如，中学生学习数学是完全按照课本的内容，学生在课堂上听老师讲课，对记笔记不作要求。老师讲课慢而且详细，举的例题多，课后只要求根据课上讲述内容会做课后习题即可，对学习其他参考书不做要求。

（2）大学生要注意高等数学与中学数学的区别和联系，中学数学的课程主要是从具体数学转变到概念化数学。中学数学课程以大学微积分做准备为宗旨。数学的学习过程是由具体到抽象，再由特殊到一般的渐进过程。由数延伸到符号，即名称为变量；由符号之间的关系延伸到函数，符号代表了对象之间的关系。高等数学首要做的是帮助学生建立变量间关系的表述方式，即函数概念。中学生的理解力是从常量延伸到变量、从描述延展到证明、由具体情形延伸到一般方程，由此解开了数学符号的奥妙之处。

（3）为了适应 21 世纪的教学改革，对高等数学课程的教学也作了很大的改变，打破了传统的教学手段，加入了更加形象化和具体化的现代教育技术，一般中学并不具有这样的条件，故大一新生既要注意中学数学和高等数学内容的联系与区别，又要了解高等数学教学上有哪些新特点。按照上课老师的严格要求，认真学习高等数学的每一节课。

（4）由于高等数学具有严密的逻辑性和高度的抽象性，不可能全靠老师课堂上的讲解，学生就能全部掌握。有些内容一时很难掌握，比如三大微分中值定理，不定积分，无穷小和无穷大等，这需要每个同学反复思考，反复琢磨，反复钻研，反复训练。要想从一无所知到一知半解再到牢固掌握，需要比较正反例子，从中悟出一些道理。

（5）学好高等数学做大量的习题是十分必要的，是非常有效而且是最为重要的手段。当代著名数学家，也是教育家波利亚指出："智力是人类的天赋，而解题就是智力的特殊成就，可以说人类最富有特征性的活动就是解题。"做习题是复习，听课的继续，也是为了检验自己复习、听课的效果，更是提高运算能力的培养，是综合运用所学知识去分析和解决问题的重要方式。有些同学做习题前根本不复习，认为只要能做出来就行了，但事实并非如此。首先，习题的内容并不能涵盖所学的全部知识点；其次，要建立起有关知识的系统结构并不能仅靠做习题；再次，做习题前不复习，常常是做到哪儿，就翻到哪地方的书、笔记，造成的结果是作业做得既慢又差，自此以后一旦脱离笔记和书本，就会感到无所适从，一片茫然。必须指出的是：学习方法不是唯一的，没有完全固定的模式。怎样学习效果最好，还要因人而异。就如同我国著名的数学家陈景润所言，"学习要有三心：一信心，二决心，三恒心。"做题也不能完全只靠一个人在那儿苦想，有时候钻了牛角尖走进了死胡同就很难从中走出来，如果自己实在做不出来时，可以问问同学还有老师，很可能就茅塞顿开、豁然开朗了。已经做过的题目，如果自己觉得题目很典型，可以把它记录在笔记本上，重点解析解题过程，分析其中的思维方式等等，空暇时间可以翻看一下，进一步加深印象。学习高等数学不单是为了考试考得好，主要研究其中的逻辑思维性，因此不能以解出答案为目标来学习。

第二节　远程教育学生高等数学课程学习方法

高等数学是国家开放大学理工类专业学生必修的重要基础理论课程，由于远程教育学生普遍基础较差、工作和学习之间时间分配不均等问题，导致许多学生感到学习难度大、解题思路不清晰，降低了学生的课程学习效率。为提高该课程的成绩，根据远程开放教育高等数学课程的教材及主要学习内容、高等数学课程特点，学生根据自己的实际情况，找出高等数学这门课程的学习方法。

一、远程教育高等数学课程的教材及主要学习内容

国家开放大学远程教育高等数学课程采用的教材是由中央广播电视大学出版社出版的《高等数学》一书，由柳重堪主编，该教材在保持原教材的基础上进行了一部分修编，目的是为了更好地适应开放办学以及学生远距离学习的需求。该教材内容共分十二章，

教材每章前都撰写了开阔视野、扩展思维空间的导读内容，提出学习目标和学习重点，教材每个章节后面都安排了自我检测内容，并规定了完成时间，方便学生及时检验该部分内容的学习效果。

远程教育高等数学课程教材分为三册。第一册为一元函数微积分，第二册为无穷级数和常微分方程，第三册为多元函数微积分。从高等数学课程三册课程研究对象上来看，微积分学是高等数学课程的主要学习内容，函数是微积分研究的基本对象，极限是微积分的基本概念，微分和积分是特定过程特定形式的极限。

二、高等数学课程的特点

数学是一切学科的基础，人类的所有活动几乎都与数学有关。作为一门基础性的课程，高等数学显得尤为重要。高等数学有以下几个特点：高度的抽象性是高等数学这门学科最基础、最明显的特点。高等数学在表面上看起来与现实生活有一定的距离，学生学习的时候看到的只是表面的概念、公式和定理，无法把抽象的定理和实际的生活结合起来，这就要求学生在学习高等数学课程的时候，化抽象为具体，学以致用，把抽象的理论具体化；严密的逻辑性是指在数学学习的过程中，无论是计算和证明，还是归纳和总结，都要运用逻辑思维能力，遵循数学的固有规律。例如，定理的证明，并不是因为找不出反例或者是根据以往的生活经验而成立，而是根据已知条件和其他定理，用严谨的计算法则、推理方法、逻辑思维证明出的结论，可以说学习高等数学不仅仅是学习的过程，而且也是锻炼自己思维方式的过程。广泛的应用性是高等数学的另一特点。例如，函数可以表述火车在行驶过程中，其行驶的路程与所花的时间的函数关系；导数可以定义自由落体运动的物体在下落过程中做匀加速运动时每一瞬间的速度；等等。

三、高等数学课程学习中几个重要的学习方法

高等数学课程是工科类学生必须掌握的、很重要的、难理解的基础理论课程，由于学生基础薄弱，对这门学科的学习探究还有很大的难度。学生应该从以下几点来加强高等数学课程的学习，以提高学生学习高等数学课程的效率。

（一）重视兴趣培养

良好的学习兴趣是学好高等数学的直接动力，很多时候，学生考试成绩不合格，可能是在于学生的学习兴趣不足。因此，学生要想提升高等数学的学习成绩，首要任务就是积极培养学生的兴趣，端正学习态度，合理地对学习时间进行有效的规划和利用，

针对自己的学习习惯和课程内容，活跃兴趣心理成分，并根据自己的实际情况调整学习方法，通过培养外界兴趣因素找到最佳学习方法。

（二）重视自主学习

自主学习指的是在自我意志基础上建立起来的对内容理解以及逻辑架构的能力和意识。远程教育高等数学课程课时安排的较少，但内容抽象繁多，要在短时间内真正地掌握知识是有一定困难的。国家开放大学高等数学这门课程设计的教材弥补了这一不足，为远程教育学生自学提供了很好的指导，学生可以根据教材主动进行学习，在学习中和教师、同学多交流、多沟通，以弥补远程教育没有面授课程的不足。

（三）重视课前预习

在学习高等数学课程之前，可以通过课前预习先明确学习目的，了解课程的重点与难点。重点阅读定义、定理和主要公式，提前找出自己的疑问和困惑，带着疑问学习，提高学习效率。通过预习知道哪些是重点，哪些是自己认为的难点和疑点，并能深入地思考这些重点、难点和疑点。

（四）重视辅助教学手段

远程教育有着非常多的辅助学习手段，学生应该在课余时间充分利用网络媒体、手机 App 等现成资源，在国家开放大学学习网上下载教师讲课的视频、电子教案及相关复习题，进行高等数学的课程学习。

（五）重视辅导答疑

辅导答疑是学习高等数学课程的一个非常重要的环节。国家大学开设的每门课程都有任课教师在线值机，由于数学理论相对较难、教学课程难点较多，在学习环节中学生可能会出现很多疑问，同学之间能够解决的问题是少数的，更多的问题应该及时请教教师，通过在线值机辅导答疑把疑问解决掉。

高等数学课程学习是一个循序渐进的过程，学习方法有很多种，每名学生的学习习惯和思维方式都不同，应尽快找出适合自己的学习方法，提高高等数学这门课程的成绩。

第三节　高等数学研究性学习方法

当前，高等教育的改革已进入“深水区”，创新教育是高等教育深化改革的主旋律。

创新教育的本质是培养具有创新能力和创新意识的高素质人才。如何培养具有创新能力和创新意识的高素质人才,已成为当前的热点问题。随着对这一问题探索研究的深入，人们普遍认为，研究性学习方法对具有创新能力和创新意识的高素质人才的培养具有十分重要的作用。所谓研究型学习是指学生凭借书本知识，在教师的指导下，运用科学研究的步骤和方法，自主地发现和提出问题、讨论和解决问题，逐渐形成独立思考、善于发现、勇于创新的实践能力。研究性学习使高校教育要从外部的“教”转向内在的“学”，高等教育的使命转变为使人学会学习，充分发掘每个学生的所有潜力和才能。虽然高等数学课程的改革取得了许多成果，但是任何课程的建设与改革都必须随时代的变化而不断融入新思维、新理念、新方法和新内容。摆在我们面前的一个重要课题是:在基于创新教育的理念下，如何在高等数学教与学中引入研究性学习?

一、高等数学研究性学习的内涵

要在高等数学教与学中引入研究性学习，我们必须准确地把握高等数学研究性学习的内涵与外延。我们可以认为，高等数学研究性学习是指学生根据高等数学教材，在教师的指导下，通过观察、思考，将不同背景的具体问题转化为数学问题，然后运用数学思维方式分析问题，利用数学理论与方法去解决问题。从高等数学研究性学习的定义中我们不难发现：高等数学基础理论是研究性学习的基石，数学的思维方式是研究性学习的关键，数学研究方法是研究性学习的保障。高等数学研究性学习并不仅仅局限于解高等数学习题，而是指一特定的过程，即解决不同背景的实际问题的全部经过。高等数学研究性学习与传统的高等数学高效学习方法有着本质的区别。传统的高等数学高效学习方法是被动地接受高等数学知识，高效快速掌握数学理论与方法是高效学习方法的目的，而高等数学研究性学习是基于问题驱动的学习方式，为解决问题主动探求高等数学知识。解决问题是高等数学研究性学习的目标。在传统的高等数学高效学习中，学生是绝对主体，教师只是外因；而在高等数学研究性学习中，教师与学生都是地位平等的合作者。高等数学研究性学习与传统的高等数学高效学习方法并不矛盾。一方面，传统的高等数学高效学习方法对学习高等数学基本理论和方法十分有效，而高等数学基础理论是研究性学习的基石；另一方面，高等数学研究性学习又激发了学生高效学习的积极性和主动性。

高等数学研究性学习目的是为了培养学生的创新精神，它不以现成的高等数学知识授课为目的，重在培养学生的创新精神与探究能力。它使学生有可能在更高层次上开展学习，能有效地激发学生学习的积极性。

二、基于研究性学习的高等数学改革

高等数学研究性学习并不只是学生的学习过程，教师在这一过程中与学生处于同等重要的地位，全过程参与。高等数学课程体系的改革，涉及许多方面，我们从教师的角度讨论以下几个方面的改革。

（一）改革教学理念，将知识传授与方法引导相结合，教师以合作者的身份参与学生的研究性学习

高等数学研究性学习无疑是教师的执教和学生学习理念的一次重大变革。它摒弃过去应试教育的“以教师为中心、以高分为目标”的传统教学模式，真正坚持“以学生为中心、以能力培养为目的”的教育理念。对于学生而言，高等数学的学习不单纯是高等数学知识的理解和运用、考试成绩的高低，更重要的还是能力的培养。要将这一改革落到实处，高等数学教师必须端正执教心态，提高自己的服务意识。高等数学教师做到如下两服务：高等数学基础知识与基本方法的教学服务于学生整体知识体系的结构，做到因人施教；高等数学教学方法的指导服务于学生研究性学习的要求，做到因材施教。

（二）改革高等数学知识结构体系

高等数学知识结构体系主导着教师的高等数学教学过程和教学方式、方法，也主导着学生对高等数学的学习。现行的高等数学知识体系，是应试教育的“以教师为中心”的传统教学模式下的产物，既不适应现代科学技术飞速发展对高等教育的要求，也不适应高等数学的研究型学习方法的实施。新的高等数学知识结构体系的重点是数学方法、数学逻辑和数学思维方式的传授，它要求充分利用现代先进的计算工具，避免复杂的计算和推理，能更多地体现“以学生为中心”，以利于研究型学习为主导，充分体现能力培养和素质教育。

（三）基于研究型学习的高等数学学习方法指导的改革

对于高等数学学习方法，有人总结为十六字方针，即“课前预习，课堂学习，课后复习，及时练习”。在提倡素质教育的今天，特别是以在研究型学习的前提下，这一方法是非常不完善的。一方面，这一方法强调的是在教师引导下学习书本知识，方法的重点在于课堂上认真听讲，学习的主动权归于教师，学生只是被动地接受知识。另一方面，基于研究型学习高等数学教学的宗旨是培养学生的逻辑思维能力、创新能力，解题过程是知识的再创造过程，而这一方法突出的是提倡对书本知识的记忆，强调高等数学理论知识的逻辑性和计算方法的技巧性，而不是强化学生对数学理论知识的理

解、系统化和数学素质的培养。为此，我们认为对基于研究型学习高等数学学习方法与学习方法指导进行研究是非常重要的。同时，我们提出学习方法指导的新模式，即建立课前、课堂、课后指导的连续模式，改革学习方法指导内容，改变过去教师单纯指导学生怎么做题、怎样掌握理论知识、计算技巧的模式，将其转变为教师与学生相互讨论，教师首先要了解学生对这一问题是怎么样思考的或怎样做的，同时不要轻易否定学生的做法和想法，然后引导学生思考问题、分析问题，对所涉及的概念进行联想。

（四）改革陈旧的考评体系，全面评价教与学

高等数学"一考定优劣"的考核模式已经到了非改革不可的地步了，建立基于研究型学习的高等数学学生考评体系迫在眉睫。我们认为，制定基于研究型学习的高等数学学生考评体系的基本原则应该包括以下几个方面：公平原则。公平是确立和推行课程考核制度的前提。不公平，就不可能发挥考核应有的作用，不能正确评价学生的学习情况。严格原则。考核不严格，就会流于形式，容易弄虚作假。这不仅不能全面地反映学生的真实情况，而且还会产生消极的后果。考核的严格性包括：明确的考核标准，严肃认真的考核态度，严格的考核制度与科学而严格的程序及方法等。联合考评的原则。将研究性学习纳入考核内容，要体现公平原则，这就要求考评人具备多学科知识，必须多学科联合集体考评。结果公开原则。考评成绩对本人公开，这是保证考评成绩民主的重要手段。一方面，这可以使被考核者了解自己的优势和不足，从而使考核成绩好的人再接再厉，继续努力学习；也可以使考核成绩不好的人心悦诚服，找出知识或能力的短板，努力补齐。另一方面，这还有利于防止考试中有可能出现的偏见与误差，保证考试的公平与合理性。客观考评的原则。考评应当根据明确规定的考评标准，针对客观考评资料进行评价，尽量避免渗入主观性和感情色彩。

高等数学课程体系的改革是一项系统工程，我们仅从什么是高等数学研究性学习，高等数学研究性学习与传统的高等数学学习方法的区别作了一些探讨，在基于研究性学习的高等数学教学改革在几个特定的方面进行了有益的研究，为进一步深化高等数学教学改革作了些有效的工作。

第四节　高等数学云教学方法

在互联网时代，云计算技术拓展到教育领域。依托云计算技术，设计和运用信息化教学系统的教育教学方法——云教学法应运而生，某校自 2015 年以来一直致力于探索高等数学云教学的实施方法，2020 年春数学教研中心积极利用前几学期就初具规模的大一智慧平台开展高等数学相关课程的网络教学工作。

如何让高等数学云教学更有效地发挥作用，让学生在网络教学期间获得更多、更有效的学习成果是一线教师当前面临的主要问题。本节将立足于云教学期间本中心实施的云教学案例进行总结和归纳，并提出对应不同层次的学生，不同的教学科目采取不同的网络教学手段，给广大同仁有效的参考和建议。

一、修订不同性质数学课程的网络教学大纲

在学校确定全面实施高等数学云教学后，我们根据各门数学课程性质的不同、学生层次的不同来修订各课程的网络教学大纲，将知识点碎片化后进行网络教学。

（一）修订知识难度大的数学课程的教学大纲

例如微积分Ⅱ、离散数学等知识难度较大的数学课程，在教学大纲中明确提出要摒弃以往逐个知识讲授的方式，有针对性、有选择性地进行授课。制定教学计划前，教师要充分了解学生所学专业对本课程的要求，了解学生基础以及对本课程的接受程度，选定适合学生专业和学生特点的知识进行教学，将以前传统教学中的一大块知识碎片化，切分成小块知识点，教学前几周要缓慢切入知识点，避免贪多嚼不烂的现象，让学生逐渐适应网络教学的节奏。

（二）修订知识难度较低的数学文化课程的教学大纲

例如数学思维方法、数学史等数学文化课程，知识难度相对较低，学生可以从多渠道获得学习资源。教学大纲中明确提出每次授课要结合数学某个分支学科的起源与发展，讲述一段经典的数学历史或以实际问题引入，然后展开到一个数学专题上。通过“数学故事”阐述数学思想和数学的应用，介绍数学史上是怎样发现问题、解决问题，借此展现数学思想和数学的思维特点。在培养学生数学思维方式、增强数学审美意识的同时，也适度地向学生介绍一些关于现代的数学知识，让学生了解世界数学发展现状和我国数学发展现状，激发学生的爱国强国热情，强调数学学习和数学发展的重要性，从数学文化角度加强“课程思政”的实施。

二、基于学生反馈不断修订教学策略，提高教学质量

（一）分割好知识点，评估知识点难度，采用不同教学手段

在全面云教学期间，我们分别向教师和学生发布了教学相关情况的问卷。经问卷调查发现，教师提供的教学视频 50% 来自中国大学慕课网，30% 来自 bilibili 网站、

超星泛雅、优酷网等其他资源，还有20%由教师自己录制。经教学反馈和调查问卷发现，对于学习难度高的高等数学课程，45%的学生更倾向于听老师录制的视频，35%的学生喜欢老师亲自直播教学。

基于以上的调查结果，教师需要在课前精准备课，提前分割好知识点，评估知识点难度。利用课前导学，确定教学目标和教学任务，课中对有难度知识点进行直播讲解，要特别强调该知识点的学习思路和学习方法。同时教师还需提供来自其他资源精品教学视频，供学生反复观看。对于知识难度低的课程内容，我们主要推荐贴合教学大纲的慕课视频进行教学，让学生通过视频学习来获取知识，这样有利于培养学生的自主学习能力，让探究式学习效果得到提升。

（二）不同层次学生采用不同网络教学手段

学生层次不同，学习习惯和学习的依从性就不一样。采用不同的网络教学手段会有更好的教学效果。

对于本科层次的学生，学习习惯好，学习服从度高，主动学习能力强。教师可以提前给出预习内容，学习目标等，学生会比较好地完成学习任务。对于难度高的知识点，教师要引导学生去学习和讨论相关视频的内容，同时提出需要深度思考的问题，深化学习效果。

对于专科层次学生，学习服从度低，主动性差，在网络教学过程中教师要高度约束学生，定时签到和提问。除了采用课前导学，来确定教学目标和教学任务，课中对有难度知识点进行直播讲解外，还要及时吸收学生反馈。同时问卷调查显示，60%的专科层次学生喜欢在QQ群互动、抢答，所以教师要积极利用QQ群进行在线抢答和答疑，营造学习气氛，强化学习效果。

（三）依据课程性质不同，采用不同云教学手段

某校数学类相关课程分为数学文化类课程和高等数学等知识类课程，课程性质不同，学生面临的知识难度不一样，采用的教学手段也不一样。

对于数学文化类课程，教师采用上课直播方式给学生讲解主要知识点，然后给出优秀视频链接的方式，让同学们根据主要知识点去完善细节知识学习。在学习过程中教师随时回答学生提出的问题，并辅以抢答题环节，提高学生学习兴趣，引导学生主动学习。另外课后布置丰富的、有针对性的测验题，强化学习效果。

对于高等数学等知识类课程，教师采用课前分割知识点让学生提前预习，课中对传统的例题和难点进行讲解，同时同步录屏，上传到云教学平台，以备学生随时观看回放学习，课后辅以云教学平台的智能练习，整章结束后再加上习题课等形式。同时提供优秀的慕课视频，让学生利用自己碎片化的时间进行学习，巩固学习成果。

（四）学习结果考核是检验学习成果的必要手段

科学、合理的考核评价制度对学生的学习会产生很好的引领作用。我们根据课程性质不同，建立不同类型的试题库，例如，微积分题库、线性代数题库、离散数学题库、数学文化课程题库等。题库里题目总数超过 3000 道。同时学生还可以自主学习，反复利用大一智慧智能练习功能进行强化学习。老师利用大一智慧题库组建在线测验检验学生学习成果，方便掌握学生的学习情况，并对检验中突显出的问题进行答疑解惑。对教师的教学质量调查问卷中显示，90% 的教师在每周学习结束都会布置针对性测验。

同时完善过程考核制度，在教学大纲中规定学习过程合适的分数比例，利用大一智慧平台记录学生的学习过程，对过程进行考核评分，让学生注重学习过程，避免学生跳过学习过程直接进入测验。

三、云教学在线考试防作弊对策

在学期末，某校组织实施了高等数学相关课程的期末在线考试，线上平台的期末考核的具体组织实施过程细节非常重要，通过学生的在线考试情况，笔者总结了以下两点经验：

（一）线上考试与线下考试的区别

线下考试通常由教务处统一时间、统一组织，由多位教师监考，不容易作弊，即使作弊，也多限于选择题、填空题、判断题等客观题。而线上考试不同，没有教师进行实时监考，网络资源丰富，学生的作弊手段是主要通过电脑、手机等电子设备进行交流、查询。

（二）线上、线下考试的出题策略

基于线下考试和线上考试的不同，笔者认为应该采取不同的出题策略，避免学生的作弊行为。经调查发现，在线下考试时，教师多采用选择题、填空题、判断题等客观题占 30%-50%，计算题、简答题、应用题等主观题占 50%-70% 的比例。防止学生线下作弊。

对于线上考试，这个比例应该有所更改，建议采用选择题、填空题、判断题等客观题占 70%-90%，计算题、简答题、应用题等主观题占 10%-30% 的比例，同时客观题的题目数量加大，精准计算学生做题时间，防止在线作弊。

调整客观题和主观题的比例主要原因是线上考试中主观题用图片形式非常方便交流和传递。现在的在线云教学系统中有对客观题的防作弊手段，题目随机排序，答案随机排序。这样设置有效防止学生实时快速传递答案。

另外对于数学文化类课程，可以在主观题部分设置一些开放性的题目，学生通过自己的思考来完成题目作答，也可以通过查阅资料来回答问题，而不是确定的答案。这样既有利于防止学生作弊，又有利于拓宽学生视野，培养学生的数学素养。

四、学生云教学情况反馈及问题分析

在云教学期中和期末时段，数学教研中心为了了解云教学真实情况以及学生使用云教学的真实感受，以期未来改进云教学方案，随机抽取400名学生做了一次问卷调查，收回有效调查问卷325份。

首先，调查了学生对各种云教学方式的感受，35%的学生选择网络直播，45%的学生选择自己的教师录制视频，20%的学生选择其他方式。这样的结果表明学生更加倾向于直播课堂的形式或者自己老师的录制视频，慕课视频自学的教学方式普遍不太容易接受。这说明学生更喜欢有互动和有温度的教学方式，网络资源不能替代教师教学。

其次，对学生学习状态进行调查，学生普遍反映家里学习氛围比较差，自我管束能力不强，对电子教材以及网络流畅度不够满意，尤其对当前的作业量不满意。这个问题反映大部分学生的自我把控能力较弱，需要在有约束的学习环境下才有能更好的学习效果。

最后，对“你认为影响学习效果最主要的因素是：A 教学方式，B 老师引导，C 自身原因”进行调查，58%的同学认为教学方式重要，42%的学生认为自身原因重要。所以在云教学期间，教师要注重对教学方式的设计和实施，才能有效提高学生学习效率。

五、关于高等数学云教学实施的几点建议

通过以上的分析，笔者对高等数学云教学提出如下几点建议：

高等数学云教学要根据学生层次、课程性质制定合适的教学大纲、教学计划。贯彻“以学生为中心”理念，高等数学类课程在云教学过程中应该依据课程性质不同、学生层次不同来制定适合学生的教学大纲和教学计划，贴合学生的学习实际情况，不能一味追求课程的全面性和逻辑性。

根据学情灵活组织和实施高等数学云教学。在课程实施过程中，教师要多调查和分析学生的学习情况，根据学生反馈灵活组织云教学。结合直播、抢答、答疑、推荐精品课程资源等多种形式组织云教学。云教学课堂直播的过程中，由于学生和老师距离太远，老师很难对每个学生进行有效的监管，学生在家上课容易被其他事情吸引，一不小心就变成了老师一个人的表演，因此上课过程中应加强学生和老师之间的互动。

完善过程考核，组织精密的结课考试，进行必要的学习结果考核。没有结果考核的学习都是无的放矢，对学生进行必要的学习结果考核才能调动学生的学习积极性。同时也不能“唯结果论英雄”，加强过程考核可以多元化地考核学生，并且防止作弊等行为发生。在组织期末结课考试时，教师需要分析课程性质和课程难度，结合云教学平台的记录，设置合理的试卷题型和考试时间，能有效避免学生的作弊行为，严肃考试纪律，纠正学风考风。

在“互联网 +”的背景下，网络在线课程作为网络教育信息化的灵魂，以网络这一信息载体，可以跨越空间及时间传播、共享教育资源，使用户可以随时随地的接受知识传输。这诸多优点促使我们在未来将继续探索高等数学相关课程实施云教学的方法，将其与线下教学有机结合，积极实践探索，寻找更优质的教学方式和方法，为高等数学教学提供有效的参考。

第五节　思维导图优化高等数学学习方法

高等数学是高等院校各专业必修的一门基础课，这门课程是以高中数学为基础的学科，与大学数学学习内容也有不少交叉知识点，但是，随着数学学习的深入和抽象概念的增多，部分学生对高等数学产生了厌倦心理。当接二连三出现新的知识点时，加上有些学生自身的数学基础薄弱，使高等数学成为高校的“网红”挂科课程。“力的作用是相互的”，高等数学的知识点零散又抽象，在有限的授课时间内只讲授新的知识就已经很紧张了，如何梳理知识点，培养学生的逻辑思维能力，使学生掌握高等数学的基础知识，提高学习效率，是每位教师应该积极探索的问题。从大学生的角度来看，如何提高学习主动性，串联起数学学习的知识点，而不是依靠死记硬背，才是大学生应该认真思考的问题。

一、思维导图概述

思维导图（The Mind Map）是表达发散性思维的有效图形思维工具，采用图文并重的手段将思维形象化的方法。思维导图可以把各级主题关系用相互隶属于相关的层级图表现出来，这种层级图是放射性的，把主题词与图形、记忆链接起来，是极具逻辑性的“个人数据库”。

英国心理学家 Tony Buzan 自 20 世纪 70 年代创建思维导图至今，思维导图已经广泛地应用在生活、学习、工作的任何领域。形似神经元，将焦点集中在细胞体，主题犹如树突或轴突般向四周放射，关键词写在线条上，帮助大脑掌握整体的内在联系。

茅育青等人在《思维导图在成人教育教学中的应用》一文中指出思维导图的制作技巧：一是要理清思路，抓住重点，制作时保持思维的流畅性；二是把握细节、反复推敲，完善思维导图。

二、思维导图的应用

有些学生经常抱怨高等数学难学，其实，高等数学的知识点虽然零散，但却是有条理的，各个章节的概念和定理之间都有着密切的联系。高等数学教材分上下两册，上册是在高中数学的基础上学习一元函数的极限和微积分，下册通过空间解析几何和向量代数，将一元函数微积分学推广到多元函数微积分学。在灌输式教学下，虽然不能调动学生学习的积极性，但是基础知识对学生来说是可以掌握的。然而，在学生长期处在被动式学习中，课后没有将注意力集中在事物的关键点上，无法建立一个完整的知识框架来明确知识点之间的联系。

将思维导图用于数列极限和函数极限，描述思维导图在微分方程和空间解析几何中的应用方法。对学习下册知识点的学生来说，这两个模块的内容更为复杂。

（一）思维导图在微分方程中的应用

函数是客观事物的内部联系在数量方面的反映，从小学到高中，我们学习了许多函数，如幂函数、一次函数、一元二次函数、指数函数、三角函数，等等，对于这些函数，我们熟知于心。导数是研究函数变化率的函数，利用公式和法则就可以将函数的导数计算出来。函数和导数都是高中数学学习的主线，学生在题海中通过磨砺学到的知识，是会牢牢记在心里的。

高等数学中有一个将函数和导数联系起来的方程——微分方程，让许多学生谈“微”色变，这么学习的知识，放在一起反而让人感觉陌生了。不仅是因为微分方程的分类较多，而且更因为不同的微分方程有它所对应的解法。微分方程体系庞大，不善于总结的学生学后容易忘记，方法也容易混淆。微分方程是一个有机的整体，采用思维导图串联起微分方程所有的知识点，使不同的微分方程和所对应的解法都能清晰可见，学生的脑海中会呈现出一个简洁的图表，在解题时对微分方程的种类和解法有一个整体的思路：“是什么，怎么求”。图表是灵活的，思维是可伸展的，可以根据自己的兴趣爱好和对微分方程的理解，思维导图的绘制可以更加全面，可以更适合自己，引导自己学习，培养自己的探究精神和创新精神。

（二）思维导图在空间解析几何中的应用

向量与空间几何是高中数学施行《普通高中数学课程标准（实验）》后引入的内

容,在高中基础上拓展的向量代数与空间解析几何部分是多元函数微积分的基础知识,两者之间有交集，也有区别，部分概念被提及，但是没有明确。对于基础较为薄弱的同学来说，概念的增多会使学生的学习变得更加困难。笔者曾布置过数量积与向量积的作业，也布置过平面和直线方程的作业，批改作业时发现了很多学生混淆了数量积和向量积的计算方法，不止一个学生将直线方程与平面方程的解析式记错。青年人的记忆力、理解力和思维力正处于上升期，建立思维导图，引导他们对高等数学知识内部结构有个整体思路，才不会在解题时“眉毛胡子一把抓”。

思维导图对学生学习高等数学，对教师优化高等数学教学有着明显的促进效果。思维导图的意义在于使学生在错综复杂的思绪里找到一条可以贯通高等数学知识的线，建立起一个系统的关系网,当学生在学习中有了疑惑,就可以顺着这条线找到正确答案。利用思维导图完成知识点的衔接，学生的思维逻辑能力也会得到大幅度地提高。

第六章　高等数学的教学方法改革策略研究

第一节　探究式教学方法的运用

一、什么是探究式课堂教学

探究式课堂教学就是指在课堂教学中以探讨研究为主的教学。完整的来说，也就是高等数学教师在课堂教学的过程中，通过启发和引导学生独立自主的学习，以共同讨论为前提,根据教材的内容为基本探究的切入点,将学生周围的实际生活为参照对象，为学生创设自由发挥、探讨问题的机会，通过让学生个人、小组或是集体等多种方式解难释疑尝试的活动，把他们所学的知识用在实际解决问题的一种教学方式。

数学教师是探究式课堂教学的引导者,要主要调动中高校学生学习数学的积极性，发挥他们的思维能力，然后获取更多的数学知识，培养他们发现为题、分析问题以及解决问题的能力。同时教师要为学生建设探究的环境氛围，以便有利于探究的发展，教师要把握好探究的深度和评价探究的成败。学生作为探究式课堂教学的主体，要参照数学教师为他们创设的以及提供的条件，要认真明确探究的目标、发挥思考探究的问题、掌握探究方法、沟通交流探究的内容并总结探究的结果。探究式课堂教学有着一定的教学特点，主要表现为：首先，探究式课堂教学比较重视培养高校学生的实践能力和创新精神。其次，探究式课堂教学体现了高校学生学习数学的自主性。最后，探究式课堂教学能破除“自我中心”，促进教师在探究中“自我发展”。

二、探究式教学的影响因素及实施

（一）探究式教学的影响因素

（1）探究式教学与学习者有关：指学习者具有自主开展学习活动所需要的获取、收集、分析、理解知识和信息的技能，以及热爱学习的习惯、态度、能力和意愿。以这一指标来衡量高等数学课程教育,体现了高等数学课程中学生自主学习为主的特色。

（2）探究式教学与课程的设置有关：课程的设置是一门实践性很强的科学，它使学生经过系统的基础知识的学习后，获得一种对社会的适应力。以这一指标衡量高等数学课，有助于推动理论联系实际的教学，贯彻学校培养应用型人才的培养目标。

（3）探究式教学和人与人之间的交流沟通有关：学生要不断自我完善，具有良好的心理素质、职业道德及诚信待人等品质。以这一指标衡量高等数学课，丰富了人才培养目标的内涵，也与竞争比较激烈的社会特点相适应。

（二）探究式教学的实施

（1）教师必须基本功扎实，熟悉教学过程，了解学生的基础，掌握教学大纲，熟悉教材。能把握教学的中心，突出重点，合理设置教学梯度，创设探究式教学的情景，使学生能配合老师学好教学。

（2）教师应精讲教学内容，掌握好教与练的尺度，腾出更多的时间让学生做课内练习，这不仅有利于学生及时消化教学内容，而且有利于教师随时了解学生掌握知识的情况，及时调整教学思路，找准教学梯度，使教与学不脱节，保证教学质量。练习是学习和巩固知识的唯一途径，如果将练习全部放在课后，练习时间难以保障。另外，对于基础较差的学生，如果没有充分的课堂训练，自己独立完成作业很困难，一旦遇到的困难太多，他们就会选择放弃或抄袭。

（3）巧设情景，加强实践教学环节。以新颖教学风格吸引学生的注意，让学生在愉悦的氛围下学会知识。针对不同的培养目标，对有些对象可将数学理论的推导和证明实施弱化处理，以够用为主。要增强学生的动手操作能力的培养，也不必让非数学专业的学生达到数学专业的学习目标。另外，通过数学实验学生可以充分体验到数学软件的强大功能。数学的直接应用离不开计算机作为工具，对于工科学生最重要的是学会如何应用数学原理和方法解决实际问题。要把理论教学和实验教学有机地结合起来。

三、探究式教学法在高等数学教学中的具体应用

（一）教学设计

1. 教材分析

在研究数列与函数极限的基础上，通过类比来研究函数极限的定义，让学生进一步掌握研究极限的基本方法，并为他们今后学习高等数学奠定良好的基础。

2. 学情分析

高校学生大多数学的基础弱。因此，在教学中如何调动大多数学生的积极性，如何能够让他们主动投身到学习中来，就成为本节课的重中之重。

3. 设计思想

本节课采用探究式教学模式，即在教学过程中，在教师的启发引导下，以学生独立自主和合作交流为前提，以问题为导向设计教学情境，以“三种函数极限的推导”为基本探究内容，为学生提供充分自由表达、质疑、探究、讨论问题的机会，让学生通过个人、小组、集体等多种解难释疑的尝试活动，在知识的形成、发展过程中展开思考，逐渐培养学生发现问题、探索问题、解决问题的能力和创造性思维的能力。

4. 教学目标

（1）学生能从变化趋势理解函数的极限的概念。

（2）会求函数在某一点的极限或左、右极限，掌握函数在一点处的极限与左、右极限的关系。

（3）通过对函数极限的学习，逐步培养学生发现问题、观察分析探索问题和解决问题的能力。

5. 教学重点、难点

教学重点：函数在某一点的极限或左、右极限。

教学难点：区分几种不同类型极限差别和正确理解极限的概念。

6. 教学用具：多媒体。

（三）教后反思与体会

1. 时间问题：探究要有主次，进行有效探究；课前、课上相结合，灵活处理教学内容，有效利用时间。

学生活动本身就很耗费时间，再加上学生这么大面积地进行科学探究活动，时间变成了突出问题。课堂 40 分钟，已经无法满足科学探究的需要。要给学生充分活动的时间，要进行大面积完整的探究活动，要能根据不同班的具体情况来安排教学环节，探究的内容不能过多，要清楚主要探究什么（并非每个问题都要让学生逐个探究）。对于难度较大的探究课题，为了能在给定的时间内完成探究活动，可课前给学生布置任务进行预习准备，可课前让学生进实验室认识器材、选择器材、熟悉器材。笔者认为：探究的结果可以有出入，但探究的时间要充足，过程要尽量完整，否则匆匆探究，草草收场，只能流于形式，达不到探究的目的。办法在人想，时间不应成“问题”。

2. 控制问题：加强纪律教育，加强理论修养。

在这种教学模式中，教师是引导者、组织者。就算教师准备的非常充分，也难免会经常发生一些意外。再加上班里有很多学生，教师组织起来就非常费劲，很难顾及每名学生，往往会出现失控的场面，甚至出现了有些乱的局面。建议加强纪律教育，严格要求学生遵守实验纪律，教师更要加强理论修养，才能灵活机智。

3. 评价问题：改变对“成功”概念的理解，采用“激励性”评价。

不要把探究的结论作为评价的唯一标准，而是要根据学生参与探究活动的全过程所反映出的学习状况，对学习态度、优缺点和进步情况等给予肯定的激励性的评价，学生的积极参与、大胆发表意见就是“成功”。由于学生的先天条件和后天的兴趣、爱好的差异，课堂教学中教师应尽量避免统一的要求，对他们不是采取取长补短，而是采用扬长避短，让他们在不同层面上有所发展，体会到成功的喜悦，注意培养全体学生的参与意识，激发其学习兴趣，并将其在活动中的表现纳入教学评价中来。

总之，教育的出发点是人，归宿也是人的发展。“探究式教学”就是从学生出发，做到以人为本，为每名学生提供平等“参与”的机会，让学生在宽松、民主的环境中体验成功。只要我们加强认识，积极探索，就能找到得心应手的“探究式教学”方法。

第二节　启发式教学方法的运用

一、《高等数学》课堂现状

在国内的很多《高等课堂》都是大班教学，一个班都是七八十甚至上百人，严重地违反教学规律，由于人数众多，师生互动就比较困难，老师观察不到所有学生的反应，数学效率比较低，为了保障教学效率，老师利用整堂课时间来讲解数学定义、定理及方法，学生通过反复的模仿、练习来掌握老师所讲的内容，数学方法和规律的形成和发展被人为的忽略，现在的教科书，为了遵循数学内部的逻辑性，形式化的表述有关概念、命题、公式，没有把数学的来龙去脉讲清楚所以很多学生对数学提不起兴趣，觉得枯燥、乏味，感觉学习数学是一件迫不得已的事情。

二、教师教学水平对数学课堂的重要性

著名的数学教育家弗来登塔尔说过：“没有一种数学的思想，以它被发现时的那个样子公开发表出来。”数学概念、法则、结论的产生和发展也经历了反复曲折的过程，

数学课堂有责任让学生了解数学的本质，这就对老师的专业素质提出很高的要求。教师不能像教科书上一样的把静态的知识点一一罗列，而是要把数学的本质给学生呈现出来，因为往往在课堂上对教学效率起着决定性作用的是老师的教学水平并非教材的水准。有些老师可以把枯燥无味的知识点讲得生动有趣，而有些水平较差的数学老师，却无法依靠一本好的教材而提升自己的教学水平。

三、教师要善于启发学生

对于课堂教育而言，高等数学要培养能发现问题，提出问题，解决问题的创新型人才，而不是简单承载知识的容器，数学课堂要给学生展现数学最为鲜活的一面。尽可能的引导学生探索新问题以激发他们的学习兴趣，通过解决实际问题让他们获得成就感。学生在数学课堂上学会以问题为导向有针对性的学习相关方面的知识，这对他们未来的生活和学习都是非常重要的。引导学生就需要有相应的问题情境，这些问题也不是自发产生的，而是教师有目的地进行活动的结果。例如：常数变异法是解线性微分方程的一种非常有用的方法，下面我们以一阶的为例。

课本上先得到对应齐次线性方程的解释。接着就说所谓常数变异法来求非齐次线性方程的通解，就是把通解中的 C 换成 x 的未知函数。

对于这样一个结果，学生不知道它的来龙去脉，不明白自己到底在学什么，为什么看似没有任何关联的数学方法就这样生拉硬扯地结合在一起，形成了解这一类题的思路。作为老师就有责任引导、启发学生，让学生主动地参加创造性的实践活动，领会研究数学中猜想和估计的重要性。

四、启发式教学在高等数学教学中的具体实践

启发式教学，根据百度词条，是指教师在教学过程中根据教学任务和学习的客观规律，从学生的实际出发，采用多种方式，以启发学生思维为核心，调动学生的学习主动性和积极性，促使他们热情积极地学习的一种教学指导思想。其基本要求包括：（1）调动学生的主动性，（2）启发学生独立思考，发展学生的逻辑思维能力，（3）让学生动手，培养其独立解决问题的能力，（4）发扬教学民主。教师在课堂教学过程中，应用启发式教学法要避免下述几种思维误区：一种是“以练代启”，以为调动学生的主动性就是多练习，多练习不是一种坏事，但仅停留在依葫芦画瓢还不能说是启发式教学；另一种是“以活代启”以为课堂气氛活跃热烈就是启发式教学，设计一些问题时以简单的“是不是”，“对不对”等作答。这些都是停留在表面的行为，那么，在教学中如何搞好启发式教学呢？通过教学实践，我认为在教学过程中，应用启发式教学要处理以下四个方面的问题。

（一）依据背景设置情景，激发学生的兴趣，导入新知识

俗话说得好："兴趣是最好的老师"。如果教师在课前针对教学内容的构思酶酿出一个新颖有趣的话题，就可以刺激学生强烈的好奇心，从而使教学效果事半功倍。例如，在介绍极限概念之前，可以先介绍历史上著名的龟兔论：乌龟在前面爬，兔子在后面追，由于兔子与乌龟之间隔一段距离，而在兔子追的过程中乌龟也在前面爬，像这样运动下去，尽管兔子距离离乌龟越来越近，但就是追不上乌龟。通过这样一个有趣的问题来吸引学生的好奇心，从而达到引入极限这个概念的目的。

（二）将情景转化成数学模型，进行问题分析，探索新知识

教师在课堂教学中要适当穿插问题并进行结论，可启发学生进行思考并达到了解新知识的目的。例如，在上述论中，我们知道在现实生活中是不成立的，但是粗略来看，我们又挑不出毛病来，只是感觉不对头，这是因为上述观点在逻辑上是没有问题的。那么，问题究竟出现在哪里呢？我们再来分析上述过程，可知在运动过程中，兔子与乌龟的距离是越来越小的，转化成数学问题，就是无穷小是否有极限？从实际来看，兔子一定可以追上乌龟，转化成数学说法就是：无穷小的极限为0。这样，通过实际问题，我们就得到了新知识的一个特征。

（三）精心设计课堂练习，巩固新知识

数学学习的特征是通过练习加强我们对相应知识的理解与掌握，由于课堂练习只是课堂教学的一个补充，我们不需要对所讲知识点面面俱到，只需要抓住本堂课程的主要点出一些具有针对性的题目即可，练习的设计应遵循先易后难，便于迁移，可举一反三的规律。这样，通过练习，达到化难为易、触类旁通的目的，并培养学生问题的联想、知识迁移和思维的创新能力。

"授人鱼不如授人以渔"，一切教学活动都要以调动学生的积极性、主动性、创造性为出发点，引导学生独立思考，培养他们独立解决问题的能力。但任何一种方法在其教育的目的的实现上都不会十全十美的，因此在利用启发式教学法在高等数学教学实践中，也要根据实际穿插使用各种教学手段，使这种教学模式更加充实和丰满，从而达到我们的教学目标。

第三节　趣味化教学方法的运用

一、高等数学教育过程中的现状问题分析

（一）课程内容单一，缺乏趣味性。

高等数学作为重要的自然科学之一，在经济全球化与文化多元化的背景下，知识经济迅速发展，已经开始逐渐渗透到各个学科与技术领域。高校高等数学教学的内容应该与新时期社会发展对于人才的需求标准与要求紧密结合，培养适合于社会经济建设，文化发展的优秀人才。实践中，上课教学仍然过多的关注课本知识的讲解，忽视了高等数学与其他学科之间的密切联系，缺乏对于高等数学研究较为前沿问题的关注与了解。同时，高等数学教师将过多的时间、关注点放在课堂理论知识的讲解上，缺乏趣味性，忽视了大学生实践能力的培养。单一的课堂教学内容，不能引起大学生学习该门课程的兴趣与积极性，部分同学出现了挂科、庆学的情形。

（二）理论联系实际不够，应重视数学应用教学。

教师在教学中对通过数学化的手段解决实际问题体现不够,理论与实际联系不够，表现在数学应用的背景被形式化的演绎系统所掩盖，使学生感觉数学是“空中楼阁”，抽象得难以琢磨，由此产生畏惧心理。学生的数学应用意识和数学建模能力也得不到必要的训练。针对上述情况，我们应加强重视高等数学的应用教育，在教学过程中穿插应用实例，以提高学生的数学应用意识和数学应用能力。

（三）对数学人文价值认识不够，应贯彻教书育人思想。

数学作为人类所特有的文化，它有着相当大的人文价值。数学学习对培养学生的思维品质、科学态度、数学地认识问题、数学地解决问题、创新能力等诸多方面都有很大的作用。然而，教师们还未形成在教学中利用数学的人文价值进行教书育人的教学思想。教书育人是高等教育的理想境界，首先，教师要不断提高自身素质，从思想上重视高等数学教育中的数学人文教育；其次，教师要关心学生的成长，将教书育人的思想贯彻到教学过程中，注重数学品质的培养。

二、高等数学教学趣味化的途径与方法

高等数学是独立学院开设的一门重要基础课程，是一种多学科共同使用的精确科学语言，对学生后继课程的学习和思维素质的培养发挥着越来越重要的作用。但在实际教学过程中，高等数学课堂教学面临着一些困难：独立学院学生数学功底较差，加之内容的高度抽象性、严密逻辑性以及很强的连贯性，更是让学生感觉枯燥乏味，课堂气氛严肃而又沉闷，学生学得痛苦，教师教得无奈，特别是一些文科类的学生，对其更是产生了恐惧感，渐渐失去学习数学的兴趣著名科学家爱因斯坦说过：“兴趣是最好的老师。”因此，调节数学课堂的气氛，提高高等数学课程的趣味性，吸引学生的注意力，调动学生的学习积极性，激发学生学习数学的兴趣，是教师提高教学实效的有效途径。

（一）通过美化课程内容提高数学本身的趣味性

首先，教师要引导学生发现数学的美，有意识地将美学思想渗透到课堂教学中。例如，在极限的定义中，运用数学的一些字母和逻辑符号就可以把模糊、不准确的描述性定义简洁准确表述清楚，体现了数学的简洁美；泰勒公式、函数的傅里叶级数展开式等，表现了数学的形式美；空间立体的呈现，体现了数学的空间美；几何图形的种种状态，体现了数学的对称美；反证法的运用，体现了数学的方法美；中值定理等定理的证明，体现了数学的推理美；数形结合体现了数学的和谐美等等。数学之美无处不在，在高等数学教学中帮助学生建立对数学的美感，能唤起学生学习数学的好奇心，激发学生对数学学习的兴趣，进而增强学生学习数学的动力。

其次在教学过程中化难为简，少讲证明，多讲应用，特别是对于工科类的学生而言，不仅可以减少学生对数学的枯燥感，还可以让学生明白数学其实是源于生活又应用于生活的。在用引例引出导数的定义时，教师可以不讲切线和自由落体，而由经济学当中的边际成本和边际利润函数或者弹性来引出导数的定义，事实上边际和弹性就是数学中的导函数；在讲解导数的应用时，可以结合实际生活，例如电影院看电影坐在什么位置看得最清，当产量多少时获得的利润最大等，事实上最值问题就是导数的一个重要应用，这样把例子变换一下，会让学生体会到数学的应用价值；在介绍定积分时可以不直接讨论曲边梯形的面积，而是让同学考虑农村责任田地的面积，引起学生的注意力，提高教学效果；在讲解级数的定义时，先介绍希腊著名哲学家—-芝诺的阿基里斯论，即希腊跑得最快的阿基里斯追赶不上跑得最慢的乌龟，立马就会引起学生的兴趣，事实上这就是无限多个数的和是一个有限数的问题，即收敛级数的定义，这样学生不仅觉得有趣而且印象深刻。

因此，教师在高等数学教学中，应精心设计、美化教学内容，使其更多地体现数学的应用价值，增强数学知识的目的性，让学生意识并理解到高等数学的重要性，从而自发地提高学习兴趣。这样，学生在轻松快乐的气氛中明白了数学是源于实际生活并抽象于实际生活的，和实际生活有着密切的关系，意识到数学是无处不在的。

（二）通过改变教学方式激发学生的学习兴趣

目前对于独立学院的高等数学教学，“满堂灌”式的教学方法仍然占主导地位，教师讲、学生听，过分强调“循序渐进”，注重反复讲解与训练。这种方法虽然有利于学生牢固掌握基础知识，但却容易导致学生的“思维惰性”，不利于独立探究能力和创造性思维的发展，同时由于过多地占用课时，致使学生把大量的时间耗费于做作业之中，难以充分发展自己的个性。因此，创造良好活跃的课堂教学氛围，激发学生兴趣，提高学习数学的热情，合理高效利用课堂时间，是提高教学质量，改善教学效果的有效途径。

结合笔者自身教学实践经验，认为独立学院可以根据自身情况，充分利用上课前 5 ~ 10 分钟时间，采取奖励机制（如增加平时成绩等方法），让学生踊跃发言，汇报预习小结，例如定积分这一节，课堂上就预习情况让学生自由发言，有人说：“定积分就是用 dx 这个符号把函数 f（x）包含进去。”有人说：“定积分就是一个极限值。”学生们你一言我一语，事实上就把定积分的概念性质说得差不多了，这样一来不仅调动了课堂气氛，培养了学生的自学能力，而且对教师教学而言也会起到事半功倍的效果。另外，还可以在授课中穿插一些数学发展史和著名数学家的小故事，这样既可以丰富课堂元素，缓解沉闷的课堂气氛，又可以拓宽学生的知识面，提高学习数学的兴趣。而在布置作业时，不要单纯让学生做课后习题，可以布置一些“团队合作”的作业，把学生分成几个小组，让他们团队力量来完成作业，比如说简单的数学建模，让学生合作完成，每小组交一份报告。这样既可以锻炼学生的团队协作能力，也大大提高了高等数学作业的趣味性，让学生乐于做作业。

（三）通过优化教学手段提高学生的学习热情

高等数学作为独立院校的一门基础课程，在多数学校都采取多个班级或多个专业合成一个大班来进行教学。单纯使用黑板进行教学存在很多端，针对这样的现状，吕金城认为应当用黑板与多媒体相结合的方法来进行教学。多媒体表现力强、信息量大，可以把一些抽象的内容形象生动地展现出来，例如在讲定积分、多元函数微分学、重积分、空间解析几何时，多媒体课件可以清晰、生动、直观地把教学内容展示在学生面前，既刺激学生的视觉、听觉等器官，激发学习热情，又节约时间，提高了教学实效。

但教师也不能过多依赖多媒体，一些重要的概念、公式、定理的讲解还是要借助黑板，这样才能使学生意识这些内容的重要性，且对一些证明和推导过程理解更充分、更透彻。这种以黑板推导为主、多媒体为辅的教学模式更有助于增加数学教学的灵活性，激发学生的求知欲，提高学生学习数学的热情对于独立学院高等数学课程的教学，教师要结合自身情况、学生情况，适当优化教学内容，并改变教学方法和手段，提升高等数学的魅力，增加该课程的趣味性，降低学生对高等数学的畏惧感，激发学生学习数学的热情和兴趣，并逐步培养学生独立思考问题解决问题的能力。当然，独立学院的高等数学教学还处于起步阶段，高等数学课程的教学内容、教学方式、教学手段等还在不断探索、不断改革。关于该课程的趣味性还需要教师进一步努力，进行更深入的探索。

三、以极限概念为例，展开高数教学趣味化的探讨

数学，是科学的“王后”和“仆人”。数学正突破传统的应用范围向几乎所有的人类知识领域渗透。同时，数学作为一种文化，已成为人类文明进步的标志。一般来说，一个国家数学发展的水平与其科技发展水平息息相关。如果不重视数学，会成为制约生产力发展的瓶颈。所以，对工科学生来说，打好数学基础显得非常重要。

获得国际数学界终身成就奖 -“沃尔夫”奖的我国数学大师，被国际数学界喻为“微分几何之父”的陈省身先生说“数学是好玩的”。简洁性、抽象性、完备性，是数学最优美的地方。然而，对大多数工科学生来讲，往往感觉“数学太难了！”。如此鲜明的对比，分析其原因，应该来自于数学的高度抽象性，将杂的应用背景剥离掉，将其应用空间尽可能地推广，再将一切漏洞补全，已将数学的核心部分引向高度抽象化的道路，这些都已成为学生喜欢数学的最大障碍。

我们认为，数学是简单的、自然的、易学的、有趣的。学生在学习过程中遇到的难点，也正是数学史上许许多多数学家曾经遇到过的难点。数学天才高斯要求他的学生黎曼研究数学时，要像建造大楼一样，完工后，拆除“脚手架”，这一思想，对后世数学界影响至深。拆除过“脚手架”的数学建筑，我们只能“欣赏”，只能“敬而远之”。一名好的数学教师，在教学过程中，正是要还原这些“脚手架”，还原数学的“简单”，这是初级教学目标。华罗庚说：“高水平的教师总能把复杂的东西讲简单，把难的东西讲容易。反之，如果把简单的东西讲复杂了，把容易的东西讲难了，那就是低水平的表现。”

极限概念是工科高等数学中出现的第一个概念，非常难理解，是微积分的难点之一，也是微积分的基础概念之一，微积分的连续、导数、积分、级数等基本概念都建立在此概念基础之上。虽然高中课改后，学生已对极限有了初步的认识，但对严格极限概念的接受、理解、掌握还是相当困难。一个好的开始，可以说是成功教学的一半，

处理好极限概念，绝大部分学生就会喜欢上数学，我们认为培养兴趣应是教学工作中的第一要务。相反，处理不好极限概念的教学，会使很多学生的数学水平停留在被动的，应付考试的级别上。齐民友教授对此现象有一个很生动的说法：在许多学校里，数学被教成一代传一代的固定不变的知识体系，而不问数学是何物。掌握一个科目就是彻底地掌握有关的基本事实一正所谓舍本逐末，买椟还珠。

另一方面，高等数学是工科学生进人大学后的第一批重要基础课之一，学分较多，能否学好，对学生四年的大学学习会产生重要的影响。所以，极限概念的教学应引起大学数学教师的重视。

（一）数学史上极限概念的出现

极限思想的出现由来已久。中国战国时期庄子（约前369年～前286年）的《天下篇》曾有“一尺之锤，日取其半，万世不竭”的名言；古希腊有芝诺（约公元前490～前425)的阿基里斯追龟论；古希腊的安蒂丰（约公元前480～前410）在讨论化圆为方的问题时用内接正多边形来逼近圆的面积等等，而这些只是哲学意义上的极限思想。此外古巴比伦和埃及，在确定面积和体积时用到了朴素的极限思想。数学上极限的应用，较之稍晚。公元263年，我国古代数学家刘徽在求圆的周长时使用的“割圆求周”的方法。这一时期，极限的观念是朴素和直观的，还没有摆脱几何形式的束缚。

1665年夏天，牛顿对三大运动定律、万有引力定律和光学的研究过程中发现了他称为“流数术”的微积分。德国数学家莱布尼茨在1675年发现了微积分。在建立微积分的过程中，必然要涉及极限概念。但是，最初的极限概念是含糊不清的，并且在某些关键处常不能自圆其说。由于当时牛顿、莱布尼茨建立的微积分理论基础并不完善，以至在应用与发展微积分的同时，对它的基础的争论愈来愈多，这样的局面持续了一、二百年之久。最典型的争论便是：无穷小到底是什么？可以把它们当作零吗？

（二）精确语言描述

现代意义上的极限概念，一般认为是魏尔斯特拉斯给出的。

在18世纪，法国数学家达朗贝尔（1717～1783）明确地将极限作为微积分的基本概念。在一些文章中，给出了极限较明确地定义，该定义是描述性的，通俗的，但已初步摆脱了几何、力学的直观原型。到了19世纪，数学家们开始进行微积分基础的重建，微积分中的重要概念，如极限、函数的连续性和级数的收敛性等都被重新考虑。1817年，捷克数学家波尔查诺（1781～1848）首先抛弃无穷小的概念，用极限观念给出导数和连续性的定义。函数的极限理论是由法国数学家柯西（1789～1857）初建，由德国数学家魏尔斯特拉斯（1815～1897）完成的。柯西使极限概念摆脱了长期以来的几何说明，提出了极限理论的8-8方法，把整个极限用不等式来刻画，引入“lim”

等现在常用的极限符号。魏尔斯特拉斯继续完善极限概念，成功实现极限概念的代数化。

微积分基础实现了严格化之后，各种争论才算结束。有了极限概念之后，无穷小量的问题便迎刃而解：无穷小是一个随自变量的变化而变化着的变量，极限值为零。

（三）极限概念的教学

教学过程中应还原数学的历史发展过程，重视几何直观及运动的观念，多讲历史，少讲定义，以激发学生兴趣一学时如此之短，想讲清严格定义也是枉然，但是，也应适当做一些题目，体会个中滋味。

研究极限概念出现的数学史，我们发现，现代意义上精确极限概念的提出，经过了约两千五百年的时间。甚至微积分的主要思想确立之后，又经过漫长的一百五十多年，才有了现代意义下的极限概念。数学史上出现了先应用，再寻找理论基础的“尴尬”局面。极限概念的难于理解，由此可见一斑。

正因为如此，魏尔斯特拉斯给出极限的严格定义后，主流数学家们总算是“长出一口气”，从此以后，数学界以引 入此严格极限定义“为荣”一总算可以理直气壮、毫无瑕疵地叙述极限概念了！我们注意到，极限概念的严格化进程中，以摒弃几何直观、运动背景为主要标志，是经过漫长的一百多年的努力才寻找到的方法。但教学经验表明，一开始就讲严格的极限概念，往往置学生于迷雾之中，然后再讲用语言证明函数的极限，基本上就将学生引 入不知极限为何物的状况中。这种教学过程是一种不正常的情况，有些矫枉过正，在重视定义严格的前提下，拒学生于千里之外。

我们认为，在极限概念的教学过程中，首先应该还原数学史上极限概念的发展过程，重视几何直观和运动的观念，先让学生对极限概念有一个良好的“第一印象”。我们认为，为获得一个具有“亲和力”而不是“拒人于千里之外”的极限概念，甚至可以暂时不惜以晒性概念的严格化为代价，用不太确切的语言将极限思想描述出来。

另一方面，由于学时缩减，能安排给极限概念的教学时间有限。只要触及极限的严格化定义，学生就必然会有或多或少的迷惑和问题。我们认为在教学过程中，教师应该告诉学生“接纳”自己对极限概念的“不甚理解”、“理解不清”状态。如牛顿，莱布尼茨等伟大的数学家都有此“软肋”，并因此遭受长达近一、二百年之久的微积分反对派的尖锐批判。我们即使“犯下”一些错误，也是正常的，甚至也是几百年前某个伟大如牛顿、莱布尼茨这样的学者曾经“犯下”的错误。所以教师应引导学生不能妄自菲薄，要改变高中学习数学为应付高考的模式，不再务求“点点精通”，而是将学习重点放到微积分系统的建立上，消除高中数学学习模式的错误思维定式的影响。

用几何加运动方式，即点函数的观念描述的极限概念，直观、趣味性较强，另一方面，可以很方便地推广到下册多元函数极限的概念，为下册微积分推广到多元打下伏笔。多年来的教学经验表明，让学生对数学有自信、有兴趣，可以帮助学生学好数学。

（四）极限概念对人生的启示

哲理都是相通的，数学的极限概念中也蕴含着深刻的哲理。它告诉我们，不要小看一点点改变，只要坚持，终会有巨大收获！学完极限概念，我们至少要教会学生明白一件事，就是做事一定要坚持，每天我们只要能前进很小很小的一步，最终会有很多收获。这是学极限概念收获的最高境界，也是作为一名教师“教书育人”的最高境界。

第四节　现代教育技术的运用

一、现代教育技术的内涵

现代教育技术指运用现代教育思想、理论、现代信息技术和系统方法，通过对教与学的过程和教与学资源的设计、开发、利用、评价和管理，来促进教育效果优化的理论和实践。具体而言，现代教育思想包括现代教育观、现代学习观和现代人才观几个部分的内容；现代教育理论则包括现代学习理论、现代教学理论和现代传播理论。现代信息技术主要指在多媒体计算机和网络（含其他教学媒体）环境下，对信息进行获取、储存、加工、创新的全过程，其包括对计算机和网络环境的操作技术和计算机、网络在教育及教学中的应用方法两部分；系统方法是指系统科学与教育、教学的整合，它的代表是教学设计的理论和方法。

综上可见，现代教育技术包含两大模块：一是现代教育思想和理论；二是现代信息技术和系统方法。现代教育技术区别于传统教育技术，前者是利用现代自然科学、工程技术和现代社会科学的理论与成就开发和研究与教育教学相关的、以提高教育教学质量和教育教学成果为目的的技术。它是当代教师所应掌握的技术，涵盖了教育思想、教育教学方式方法、教育教学手段形式、教育教学环境的管理和安排、教育教学的创新与改革等方面的内容。同时，它也主要探讨怎样利用各种学习资源获得最大的教育教学效果，研究如何把新科技成果转化为教育技术。综上，现代教育技术就是以现代教育理论和方法为基础，以系统论的观点为指导，以现代信息技术为途径，通过对教学过程和教学资源的设计、开发、使用、评价和管理等方面的工作，实现教学效果最优化的理论和实践。

二、现代教育技术在高等数学教学中的作用

基于上述对现代教育特点、高等数学教学现状及所面临挑战的分析与介绍笔者认为现代教育技术对高等数学教学的作用主要体现在如下几个方面：

（一）运用现代教育技术，提高教学内容的呈现速度和质量

高等数学具有自己特殊的学科表达方式：一是采用符号语言，表达简洁、准确；二是采用几何语言，表达形象、直观。由于高等数学具有这样的特点，所以在高等数学的教学过程中无法单纯靠文字语言进行信息完整和准确的教授，这也就决定了高等数学课堂教学的特点是必须呈现大量的板书，包括大量的书写和大量的画图。例如，概念和定理完整的表达、定理的证明等都需要大量的书写；在解析几何中，知识的讲解一般伴随着大量的画图。由于这些书写和画图的过程都需要教师现场完成，所以课堂大量有效的时间均花费在了这些操作上，并且很多时候“现场制作”效果不佳，严重影响了教学效果。此时就可以发挥现代教育技术的教学优势，教师只需在备课时做好课件，课堂上直接进行演示即可。相比之下，后者不仅节省了大量的时间，而且帮助学生更清楚地观察教学过程，教学效果得到极大提高。

（二）运用现代教育技术，可以动态地表达教学思想

高等数学主要研究“变量”，因此高等数学思想中充满了动态的过程。例如，讲解“极限”的过程需要把“无限趋近”的思想表达出来，而“无限趋近”仅靠语言表达很难清楚地呈现。这些概念的表达，都是动态的过程，需要用“动画”来表示，传统教学模式难以表示此动态过程，它往往只能告诉学生“是这样”或者“是那样”，因此很多学生对这些动态的过程理解不透彻，甚至出现理解错误，严重影响了教学的效果。此时教师便可借助多媒体或者数学软件等现代信息技术手段，把这些过程制作成动画，动态地呈现这些内容，使抽象的理论变得生动、直观和自然，学生的感受更直观，因此，学习效果得以提升。

（三）运用现代教育技术，可以更快更及时地解决学生的提问

在高等数学的学习过程中，每个人都不可避免地会有很多疑问，在传统教学模式下，这些问题一般由教师在课堂上解决，或者通过学生之间互相讨论解决这种疑问解答方式的反馈及时性和便捷性都较差，很大程度上影响了学生的学习积极性。现代教育技术为解决此类问题提供了一个新思路，虽然受到客观条件的限制，现代院校不可能在每一间教室都提供电脑及联网等条件，但是在图书馆、信息技术中心及疫室等地方则

可以达到这些条件。学生就可以把学习中所碰到的难题和困惑及时发到网上，与其他同学和教师交流，这样不仅有利于及时解决问题，还可以激发学生学习的兴趣，激发学习热情，提高学习效果。

（四）运用现代教育技术，可以更好地进行习题课教学

数学知识需要大量的练习才能被充分消化吸收，高等数学也是如此。但是，根据多年的教学实践，笔者发现传统教育方式下的习题课教学效果较差，这是因为传统的教育方式只可能考虑到一部分学生的接受能力，无法顾及所有学生的需求。然而，教师在高等数学教学中可以适当地使用现代教育技术来解决这一难题，即教师在设置有局域网的教室开展课堂活动，每个学生便可以在习题课评价系统中根据自己的实际情况进行个性化练习，对自己的学习情况进行自我评价，不懂的地方可以进行及时反馈，并可以与教师及同学一起讨论。这使得学生增强了学习的主动性及积极性，思想也更为活跃，有利于培养学生的创新能力，进而也更加有利于提高高等数学的教学效果。

三、CAI 教学与高等数学的整合

（一）CAI 教学进入高等数学课堂

“计算机辅助教学”是CAI的汉语翻译，从目前的实践来看CAI（ComputerAssisted Instruction）的范围远远小于英语中“计算机辅助教学”的原意，随着现代教育技术的不断发展，这一领域定义的外延和内涵还在不断发生着深刻的变化。教师希望克服传统教学方法上机械、刻板的缺点，就可以综合运用多媒体元素、人工智能等技术。它的使用能有效地提高学生学习质量和教师教育教学的效率。

（二）CAI 教学面对学生可以因材施教

为切实提高教学效率和教学质量，发挥学与教中教师主导和学生主体的作用。高等数学的任课教师可以研究制作《高等数学》课教学课件，边实践边修改，通过在多个班进行教学试点验证，此举使得授课内容更为丰富。通过穿插彩色图片、曲线等，使得整个授课中抽象乏味的数学公式由枯燥变得有趣，由单一变得活泼，起到了积极的教学作用。我们还可以保留板书教学的优势，有利于给学生强调知识重点，帮助学生融会贯通。

（三）CAI 教学将高等数学化繁为简

高等数学具有抽象性高和应用广泛的特点，教师通过多媒体的手段更为直观地传

递给学习者，让学习者自发探索新的规律，化烦锁的新知识为简明易懂的旧内容。仅仅让教师在黑板上面绘制平面图形,例如空间解析几何内容涉及很多空间知识的学习，学生是很难掌握知识的。用 fash 的方式来模拟立体图形和复杂函数图形生成，将实现由点到线到面最后生成空间图形全过程。

（四）CAI 教学突破重难点

教师在高等数学教学中，经常会遇到知识点往往不能被一带而过，但是一些学生难以理解的知识点，我们可以通过 CAI 教学方式传递给学生，化难为易，让静止的问题动态化，让抽象的道理具体化，让困难的处境简单化。例如：定积分的定义。在理解思路中，教学中的重点是对曲边梯形面积的求解过程。

（五）CAI 教学帮助教师转变教学观念

墨守成规的教师，不仅会导致自己的知识很快陈旧落伍，而且自身也会被时代所淘汰。高等数学教师，在重视师生之间的情感交流的基础上，更要学习现代教育技术知识，具备持续发展的意识，体谅学习成绩不理想的学生，增强学生学习高等数学的信心，激发学生的求知欲，以积极的心态和饱满的热情，鼓励学生积极参与“交流－互动”教学活动。

四、运用现代教育技术应注意的问题

虽然运用现代教育技术优化高等数学教学，有着传统教学模式无法比拟的优势，但是我们在进行现代信息技术与高等数学整合时，应该注意如下三个问题：

（一）处理好现代信息技术与传统技术的关系。

手工技术时代，以粉笔、黑板、挂图及教具为代表的传统媒体是教师教学的基本手段；机电技术时代，幻灯、投影、广播及电视等视听媒体技术成为教师教学的有力助手；信息技术时代，以多媒体计算机为核心的信息化教育技术成为师生交流及共同发展的重要工具。因此，教师要充分发挥传统媒体技术在教育中的积极作用。虽然黑板、粉笔、挂图、模型等传统教育工具以及录音机、幻灯机、放映机等传统电化教育手段存在一定的局限性，但是它们在教学中仍旧具有独特的生命力。由于在高等数学教学中有些知识较为抽象，若缺乏黑板板书和形象生动的讲解支持，单靠多媒体进行知识呈现，教学效果肯定不佳，因此在适当的时候教师也应充分利用黑板和粉笔进行教学。

（二）现代信息技术的本质仍是工具

当前，世界各国都在研究如何充分利用信息技术提高教学质量和效益，加强现代信息技术的教学应用已成为各国教学改革的重要方向。但是，现代信息技术毕竟只是手段和工具，只有充分认识到这一点，才能做到一方面防止技术至上主义，另一方面避免技术无用论。此外，注重现代教育技术的使用，也不要忽略对学生的人文关怀，即对学生心理、生理及情感的关怀等。

（三）促进信息技术与学科课程的整合

若想充分发挥信息技术的优势，为学生提供丰富多彩的教育环境和有力的学习工具，必须促进信息技术与学科课程的整合，逐步实现教学内容的呈现方式，学生的学习方式、教师的教学方式和师生互动方式的变革，大力促进信息技术在教育教学中的普遍应用。

总之，在高等数学教学过程中，有机整合现代教育技术和传统教育模式的优点，将会更好地提高教学效果及教学质量，也更有利于创新人才的培养。基于研究和实践，笔者深切地感受到：利用现代教育技术改善高等数学课程教学，并借此努力培养学生的数学素质，提高学生应用所学数学知识分析问题和解决问题的能力，激发学生的学习兴趣及稳步提高教学质量等，将是高等数学教学改革的方向和目标，同时这也必将是一个循序渐进的过程。利用信息技术有助于高等数学进行多层次展示，并利于呈现多种模式的教学，这使高等数学课程的教学出现了生动活泼的局面，同时也带来了一系列的新问题。当前，在稳定提高高等数学教学质量及深化教学改革方面还有许多问题需要解决，希望一线教师在不断探索和实践的基础上制定出比较完整和完善的规划。通过一线教师对信息技术与高等数学教学课程整合进行不断的努力和探索，一定能够优化高等数学教学。

第七章　高等数学教学应用

第一节　多媒体在高等数学教学中的应用

计算机的发展以及计算机自身方便、形象性强、传递信息量大等优点，非常符合现代的高校教学的特点，可以完美融入现代高校的教学中，为广大师生所接受。但世界上似乎有条永恒的定理，即“任何东西的存在都是一把双刃剑”，即使方便如多媒体的出现，也存在着诸多问题，比如，对多媒体操作错误多、过于依赖多媒体、多媒体课件质量参差不齐等。作为新型科技的产物，不能否认计算机的存在带给高校教学的诸多便利。

一、多媒体在数学教学方面的优点

在教师制作的课件中，可以给枯燥的公式配上声音、加粗线划重点等方式，也可以插入某某数学家的链接视频或名言，而这些东西不需要教师花费时间去板书，因此既不浪费教师的授课时间，又可以提高教师教学教学的趣味性。

多媒体可以为数学知识在各个高校之间的传递提供便利，比如某位名校老师制作的课件，可以被各个高校的教师所引用，在一定程度上减少教育资源对重点高校的过度倾斜，使某些不知名的高校也可以获得重点高校的教学资源。

经过多年的发展以及互联网的普及，现在可以达到通过多媒体进行视频授课，不仅可以减少对教学空间的使用，而且可以使更多的人通过视频授课的方式在各个地方进行学习，打破了“学习必须在学校的象牙塔里”的传统观念，使人们对数学抱有一种“活到老，学到老”的态度。另外，让人们拥有坚实的数学基础。

当然，多媒体教学的优点还有很多，优点的存在不能使我们进步，唯有发现问题、解决问题，才能使我们的多媒体教学能力有所提升。

二、多媒体在数学教学中应用存在的问题

（一）过于注重课件的“华丽”性

大量的图片、视频、声音穿插到多媒体中，看似华丽无比，实际在无形之中加大了学生的信息量，容易使学生意识不到自己学习的重点是什么。尤其是数学的教学，过于华丽的课件会破坏公式定理的神圣性，使学生不再重视这些公式定理的状态。公式定理的理解需要时间，而不是一时的刺激，过于强烈的刺激反而会使学生不知所云。

（二）板书和多媒体课件未能有效结合

数学是需要计算的学科，它需要学生熟能生巧，而不是一味地观看。高中数学教学几乎是不使用多媒体教学的，而在大学里老师使用多媒体教学的时间过多。究其原因是板书和多媒体没有得到有效结合。

（三）课件的使用将减少师生互动的机会

使用课件的结果是老师在讲台上讲、学生在下面听，老师和学生的注意力几乎都在课件上面，老师忘了提问，学生忘了回答。授课变成了对课件的实际，这样的数学学习很难有多大的效果。数学是一门对动手和动脑能力要求很高的学科，只有不断解决问题，才能提高学生的数学能力，一味地阅读只会浪费时间。

（四）老师制作课件的困难性

数学的教学和老师的教学经历有很大的关系，相当一部分教师并没有经过对计算机的专门学习，不仅制作较慢，而且质量很难保障。此外，在具体使用时，有的老师甚至电脑的开关机键都需要有专门的人员来做。而且，在课件使用过程中出现的尴尬情况也会分散学生的注意力。

三、多媒体应用于数学教学存在的问题的对策

（一）老师提高自身制作课件的水平

必要时可以找计算机专业的老师对课件进行辅助。就目前而言，我国的计算机普及性大，能够操作计算机的人相当多。而老师在制作课件时，可以与这些有数学基础的能够熟练操作计算机的老师或学生进行合作。此外，在教学时，也可以通过设置“计算机班干部”的方式辅助老师教学。

（二）课件中融入自己的思想，不对课本进行全抄或全划重点

老师可以把自己的思考过程做成流程图，或者把文字重新组合成自己习惯的阅读方式等，尽量避免阅读式教学，变成有思想的教学。这样可以让学生的注意力过多放在教师身上，进而减少对多媒体的依赖性。老师可以在精通计算机人员的帮助下，将自己的思想表达在课件中，使复制粘贴的教学变成有思想的教学。

（三）在教学时，不过分依赖多媒体，注意加强和学生的互动

教师要避免对课件的全篇阅读，要把目光看向学生，可以提一些简单而有趣的互动性问题，表情也不要过于木讷。在互动中学习解决问题，数学的教学也可以变得更有趣。

总之，把多媒体技术适度地融入数学教学中，不仅可以优化数学的教学方式，提高学生的学习兴趣，而且还能加深学生对概念的理解，提高教师的教学效率。作为教师，也要努力掌握教育技术的技能和理论，积极参与多媒体课堂课件制作和教学设计，开展教学方法和教学模式的探索与实验，优化数学的教学过程，努力创造多媒体的数学教学情境，为数学教学现代化开辟一条新的道路。

第二节　数学软件在高等数学教学中的应用

在高等数学教学中引进数学软件，实现教学内容的直观化、交互化，可以激发学生对数学学习的积极性与兴趣，有效提升课堂教学效率，同时培养学生运用数学软件处理问题的能力。

数学课程的基本任务是要培养学生的抽象思维能力、逻辑推理能力以及对数学的应用能力、创造能力和创新能力，不断提高学生的综合素质。在当下数学教学改革的背景下，数学软件在现代数学教学中起着更加显著的作用。将教学内容与数学软件相结合，通过软件较强的数值运算、符号计算乃至图形操作能力，解决相对抽象概念以及烦琐的运算，不仅能够激发学生对学习数学的积极性，而且还能够提升学生使用数学知识处理实际问题的能力。

一、数学软件的类型

现代数学教学中有许多功能强、方便使用的数学软件，如 Matlab 、Mathematica、Maple 、 GeoGebra 、 Latex 、几何画板等，它们都能高效地进行数学运

算。例如，Matlab 在编制程序、数学建模、线性规划等问题中应用广泛；Mathemetica 是一款集符号计算、数值运算和绘图功能于一身的数学类软件；Maple 软件最突出的功能为符号计算，另外在数值计算和数据可视化方面也有着较强的能力；动态数学软件 GeoGebra，支持多平台的应用，覆盖了数学的所有领域，是一款非常适合数学教学展示、学生自主探讨、师生互动交流的数学软件；Latex 在高校本科、研究生论文写作中深受学生喜爱，它能很好地快速编辑排版，自动输出所需要的 pdf 格式，节约了学生大量的宝贵时间。

二、数学软件在高等数学教学中的应用

（一）辅助数值计算、节省运算时间

数学学习过程中计算占据了大部分时间，周而复始地重复计算，逐渐消磨掉了学生对数学学习的兴趣。借助数学软件来解决这些机械性的计算，可以较有效地避免诸如此类问题的产生，同时还节省了大量的学习时间。例如，化二次型为标准型是线性代数课程中的重要题型。这类题目用到的知识点多、计算烦琐。借助 Mathematica 软件，调用 Eigenvalues 和 Eigenvectors 命令，可以分别得到特征值和特征向量，然后用 Orthogonalize 命令进行 Schmidt 正交化。通过 3 个简单的命令，避免了进行冗长繁杂的计算，快速、高效地解决问题的同时，增强了学生学习的趣味性，更能深刻理解所学的知识，全面把握问题。

（二）动画图形展示，直观理解概念

华罗庚先生说过“数无形时少直觉，形无数时难入微”，可见数形结合的重要性，而数学软件就是通过图形深刻直观地揭示表达式中隐含的数学联系。软件的演示功能，既能活跃课堂气氛，增进师生的交流，又能鼓励学生积极思考，激发学习主动性。例如，定积分的概念是高等数学教学中的一个重点，也是学生学习中的一个难点。借助数学软件的动画功能，直观地演示“分割、近似、求和、取极限”的过程，可以帮助学生更好地理解“微元求和”的数学思想。数学软件的动画功能，让学生不再畏惧抽象的数学概念，并能够自然地接受和掌握抽象概念。

（三）学生自主实验，提升学生综合能力

数学实验和数学软件都是为让学生更好地掌握数学方法而引入数学课堂的，将数学实验与理论教学进行优势互补是我们将数学软件引入数学课堂的重要目的。在学生熟悉或掌握一种数学软件后，通过自主实验，让学生在实践当中学习探索及了解数学

规律，并能够通过规律处理问题，不但能够深入了解所学的理论知识，还可以培养创新意识，提高独立思考并有效运用数学知识处理实际问题的能力。

随着科学技术的日新月异，数学软件的版本不断更新，其功能也在不断完善，更加方便用户的使用。数学软件在高等数学教学中得以广泛应用，极大地提高了教学效率。但是同时要注意，数学软件给高等数学教学带来积极的影响时，也存在着消极影响，比如，数学软件的方便实用性，很容易使学生对数学软件产生依赖性，进而导致学生忽视对数学基础知识的学习。因此，为了使数学软件更好地服务于高等数学教学，我们需要扬长避短，才能推动教学效率最大化。

第三节　就业导向下的高等数学与应用

本节以就业指导为教学设计指引，合理论述了在高等数学与应用数学专业教学中，对专业课程教学内容设计的专业性强化、数学教师的教学手段更新以及学生就业能力的训练加强等方法，探究了就业导向下的高等数学与应用数学专业教学质量优化的有效措施。

调查数据显示，近年来，许多高校的数学与应用数学专业毕业生就业率持续走低。究其原因，是目前我国很多高校的数学与应用数学专业的课程内容过于抽象和理论化，对学生实际应用技能和就业能力的培养力度不够，导致很多学生文化成绩很好，但是实际应用能力差，无法适应社会需求，因此，相关高校和教师应当加强对于该专业的教学改革，优化教学方法和模式，从而提高学生的实际应用能力。

一、强化教学内容的专业性

教学内容的设计是高校开展数学与应用数学专业教学的基础条件之一，因此，高等数学与应用数学专业的教师要想有效地强化学生的专业知识，提高就业能力，首先，应当从基础教学内容设计入手，优化教学内容，从而为学生打好提高专业水平和就业能力的基础。专业教师可以从以下几个方面入手：第一，课程教学内容的设计要充分体现专业特色。高校的数学与应用数学专业的教学与普通的数学教学不同，它不单纯是理论知识教学，更偏向于现代社会发展中的研究型和实际应用型的人才培养，因此，高等数学与应用数学专业的教师要想提高学生的专业水平，提升学生的就业能力，就必须改变应试教育教学方法，在进行教学内容设计时，应当体现专业课程的特色，强化学生的实际应用能力培养。第二，结合就业方向开展教学内容的设计。高校要想通过教学内容的优化设计提升学生的就业能力和专业水平，就必须结合就业方向开展设计，目前社会中与数学与应用数学专业相联系的就业方向主要有金融数学方向、证券投资方向、计算机软件应用方向以及新技术方向。因此，专业教师在进行教学内容的设计时，应当有机地根据这些实际就业需求，从而提高学生就业能力和水平。

二、更新专业教师的教学方法

专业教师是数学与应用数学专业课程教学的主要引导人员，同时也是学生学习专业知识的关键人物，因此，专业教师的教学是否高效，对学生的数学与应用数学专业水平的提高和就业能力的强化有着非常重要的影响。要想提高学生的就业能力，教师应当积极更新和优化专业课程教学方法，紧跟时代发展的步伐，满足专业课程特色的需求，从而有效地激发学生的专业学习兴趣，提高学生的课堂学习效率。比如，专业教师可以采用分层次教学优化教学方法。现代教学理念明确提出，要贯彻“以人为本，因材施教”的教学理念，根据学生的实际情况来开展专业课程的教学，从而照顾到每一位学生的学习情况，提高学生的全方位专业水平，因此，高等数学与应用数学专业的教师在开展课程教学时，可以采用分层次教学的方法，根据本专业学生差异，对不同学习水平的学生开展分层次的教学。比如说，在开展《数据处理计算方法》的教学时，教师可以根据学生的数学专业基础水平和运算能力合理分配不同程度的教学目标和内容，进而有效地满足不同学生的实际专业水平训练需求，实现以人为本、科学教学。

三、加强学生就业能力的训练

学生是教学的主体，高校开展数学与应用数学专业课程教学的根本目的就是提高学生的实际专业水平和就业能力。要想有效地提升数学与应用数学专业的就业率，关键在于学生就业能力的训练，只有加强了学生的就业能力，高校才能从根本上提高数学与应用数学专业毕业生的就业率。高校专业教师可以借助学生的职业生涯规划加强学生的就业能力训练，培养学生的实际就业能力。在学生进入高校的第一年，专业教师就应当加强对学生的专业引导，指导学生开展符合自身实际的职业生涯规划。在后面的两年专业学习当中，专业教师应当加强对学生学习、生活和就业的能力指导，促进学生对于专业知识技能和实际就业需求的了解和掌握。最后，在大四这一关键阶段，专业教师应当结合学生的实际情况帮助学生有效地强化就业能力，帮助学生多积累一些就业经验，全面加强学生的就业能力。

综上所述，在以就业为导向的高等数学与应用数学专业的教学当中，高校教师应当强化教学内容的专业性、更新教学方法、加强学生就业能力的训练，从而有效地提高学生的专业水平和就业能力，为社会培养实用型和应用型人才。

第四节　数学建模在高校线性代数教学中的应用

在线性代数课堂教学中适当应用数学建模思想可以提高课堂效率，能够通过突破课堂教学难点使学生对线性代数的理解更深刻。本节首先对现阶段高校线性代数课堂存在的主要问题进行分析，提出了通过数学建模思想解决这些问题的方式以及在应用过程中应注意的问题，以推动我国线性代数教学的改革。

线性代数是对空间向量线性变化和线性代数方程组进行研究的数学课程，不仅是计量学等学科的基础工具，而且还在信号处理等计算机领域应用广泛，因此学生对线性代数课程进行深刻掌握，是后续数学类课程学习的重要基础。为适应社会发展的需要，我国高校部分教育重点应放在培养应用型人才上，我国曾在2014年提出将全国50%的高校转变为以培养应用型人才为教育目标的高校。本节以现阶段线性代数教学课堂中的实际情况为出发点，对线性代数教学中应用数学建模思想展开研究，以培养学生在学习中的应用能力。

一、现阶段我国高校线性代数教学中的主要问题

（一）学校对线性代数课程的重视度不足

高等数学、线性代数和概率论是目前高校设置的主要数学基础类学科，但在重视程度上，多数高校更重视高等数学的学习，这表现在两大方面：一是在课程设置上，线性代数的学时严重少于高等数学的学时，由于学习时间紧张，在课堂教学中教师会减少部分结论的推导和实际应用背景的教学，学生对线性代数的学习时间不够导致理解得不够透彻；二是在难度设置上，线性代数的学习难度相较于其他数学类学科的难度要低得多，由于课程设置少导致学校不得不将该课程的难度系数降低。

（二）学生对部分内容难以理解

相较于初等数学，线性代数课程对学生而言是一个内容较新的学科，因此学生在刚接触时会难以理解。就现阶段情况看，大部分高校的线性代数课堂的主要内容是对课本定义的讲解和证明，这种单一的课堂内容和枯燥的教学方法会使学生难以理解并对线性代数产生厌烦心理。教师在尽力讲但学生还是听不懂、不感兴趣，如在对n维向量空间一章中提出了线性无关和线性相关的概念，仅仅通过阐述概念无法使学生对向量的线性关系产生直观感受，对基础概念理解不好会直接影响下一步的学习。

（三）线性代数的应用性教学不强

教师在对线性代数的教学过程中忽略了对其应用方向的讲解，导致学生不了解这门课程的应用内容。部分将来打算考研究生的学生可能会重视对线性代数的理解和学习，但不考研究生的学生可能认为线性代数这门课程是无用的，因此就不会重视这门课程的学习，学习的主动性大大降低。若想增强学生学习的主动性就必须使学生了解到这门学科的重要性，并对学习内容产生更深的理解。因此在线性代数的教学中运用数学建模的思想，使学生对抽象的空间向量内容产生直观的感受。

二、在教学中适合应用数学建模的内容

（一）在难点教学中应用几何模型

直接用定义对二阶行列式和三阶行列式进行教学，学生一般都能听懂，但四阶行列式到 n 阶行列式的教学过程中再直接用定义会使教学内容更加复杂，原因是学生无法理解用该定义进行解释的根本原因是什么。因此在该教学内容中应用几何数学模型，能使学生对 n 阶行列式产生更深刻、更直观的理解。

以二阶行列式为例，以行列式的行 (列) 向量为平行四边形的长，另一行 (列) 向量为平行四边形的宽可以构造一个平行四边形，当行向量和列向量线性无关时，该二阶行列式的绝对值就是这个平行四边形的面积。通过同样的方法构造三阶行列式的几何模型，可以构造三维空间向量中的立体，该立体模型的边就是三阶行列式的三个行向量和列向量。同时要注意的是，对于二阶行列式中正负号的判断依据是第一行向量到第二行向量的转向方向，若方向为顺时针则行列式为正，若为逆时针则为负；对于三阶行列式的正负号判断依据是该三个向量是否遵循右手法则，若遵循则为正，反之则反。

（二）通过理论模型将各章知识点串联

这里的理论模型依据主要指线性代数组理论，将线性方程组理论进行组合可以建立有效的方程组求解模型，该模型的建立过程可以分为三大方面。

一是建立可逆方阵的线性方程组模型，可以利用 Creamer 法则以及实际和理论推导过程，推导出可逆方阵的方程组求解公式。导出模型后再根据模型结果进行分析，以判断该模型的有效性，但要注意该法则不适用于可逆方阵以外的其他方程组求解。除此之外在对逆矩阵的求解过程中也可以通过引用简单实际的题目加深学生的理解。

二是建立对一般线性方程组求解的模型，该模型的建立过程要求引入矩阵初等变

换的性质，同时要对方程组有解和无解的情况进行讨论。一般线性方程组求解与逆矩阵的求解过程不同在于，该过程还要引入矩阵初等变换和矩阵秩的定义。同样，在建立好方程组求解模型后，还要根据模型结果对该模型的有效性进行讨论和分析，要积极引导学生对该模型的有效性质疑并针对其改进方向进行讨论。

三是对线性方程组基础解系模型的建立，该模型建立的主要目标之一是当线性方程组的解有无穷多个时，能够通过该模型将该方程组得到的无穷个解通过线性组合的形式表示。通过建立该模型进行教学，可以帮助学生通过模型认识到不同线性方程组在求解过程中规律的一致性，也就是说通过建立模型简化求解过程。

本节对线性代数教学中存在的问题以及通过引入模型进行改进措施展开研究，但同时在应用数学模型解决线性代数教学问题时还应注意实际问题的应用，同时还应通过布置适当的作业，加深学生对课上内容的理解。通过建立模型不仅能够使学生对数学知识加深理解，而且还能使学生在学习过程中提高自己的应用能力和观察能力。

第五节　高等数学教学中发展性教学模式的应用

促进学生的全面发展是开展高等数学教学发展性教学模式研究的根本目的，它的主要内容是强调评价方式的多样化和评价主体的多元化，主要关注点在于学生的差异性和个性化，注重评价过程。在高等数学教学中创建发展性教学模式不但能够使大学生有效地获取数学的知识与技能，还能够培养大学生的自主创新精神、发散思维和个性品质等，对培养高素质人才有着重要的意义，本节结合实践工作经验，阐述发展性教学模式在高等数学教学中的应用。

数学逻辑和物理学是现代科学知识研究发展的基础所在，体系、理性、逻辑和确定是其追求的根本目标，但人们往往忽视了知识的不确定性、复杂性和多变性，导致所学知识存在一定的绝对性和片面性；在后现代科学发展的视角下，知识的学习具有生成性和开放性等特点，不确定性是知识发展的重要组成部分。那么我们该如何利用知识领域的不确定性来改善传统的高效数学教学呢？我想这是每一个高等数学教师都面临的困惑和难题。

一、高等数学创建发展性教学模式的必要性

当前我国高校的传统数学教育仍然采取“说教式”“填鸭式”的教学方式，教学形势依然还采取“老师讲、学生听”的传统模式，教师的思想观念迂腐，不能与时俱进，掌握新科技时代下的新气息，学生依然以听讲作为基本学习手段，缺乏素质锻炼，

知识结构单一，思想被压制严重。传统的教学模式主要有以下弊端：

（1）在高校的数学教学中往往忽略对学生兴趣的培养，这样学生的主观性和积极性难以得到充分的调动。

（2）依然奉行以教师为主体的传统教学模式，忽视了学生的主体地位，本末倒置，兼之高等数学授课内容繁多而又复杂，学生渐渐地失去了其主体意识，大大降低了学生的主观能动性，思维难以得到发散。

（3）不能针对学生的个性和差异性进行教学工作，教学内容难以面向全体大学生，使教学结构良莠不齐，无法使大学生进行全方位的协调合作。

（4）传统的教学模式知识的讲解和传授都掌握在教师手里，由教师进行支配和控制，以传授知识为根本教学目的，忽略了学生的主体性，不注重教学的方法和过程，这种应试教学体系下产出的大学生严重缺乏多维化素质，各项素质不能得到全面的提高，知识与能力双规发展出现严重畸形。

二、高等数学教学中发展性教学模式的内涵

（一）发展性教学理论的概念

达维多夫认为，儿童并不能够通过发展性教学或教育过程本身而得到直接发展，只有在活动形式和内容与之相匹配时，儿童心理才能够得到相应的促进和发展。高等数学教学发展性教学模式正是由“发展性教学”衍生而来的，利用教学和人的心理发展之间存在的人为活动的因素为指导，强调教育和教学以保障学生具有完整的学习能力和相应的发散能力，保证高校大学生的个性能够得到全面的发展。

（二）发展性教学模式对高校教学的启示

首先，发展性教学模式以发展学生的理论思维为主要目标，以学生在教学过程中认知活动的主动、能动、具有个体特性的特点开展数学教学活动。教学的目标不再局限于对传统知识的内化和展现，而是集中实现对知识的改造和变革，刺激学生将知性思维转变为理性思维，根本教学目的在于加强学生自主解决实际问题的能力。

其次，发展性教学模式充分重视学生的个性化特点，注重培养学生的个性化形成。在教学过程中，重视师生间和学生彼此间的交流，促进学生养成自己的行为规范，在交流中使学生获得一定的社会经验，便于促进学生在道德观念、生活方式、价值标准的形成。

最后，发展性教学模式以开展学生自主创新能力为根本前提。只有具备一定创新能力的人才能够适应当代科学与技术的迅猛发展，只有具备自主创新能力的人才能够

成为促进民族发展的原动力。发展性教学模式重点在于培养学生的理性思维，而理性思维恰好是一个人提高创新能力的根本所在。因此，发展新教学模式对于开展我国的素质教育体系是具有重要意义的。

三、如何在知识不确定下开展高数的发展性教学模式

（一）转变传统观念下的教学过程和教学内容

首先，要在教学过程终打破传统的“说教式”教学模式，让学生真正的以自主身份参与到对知识形成的不确定性和价值变量的判断中来，尽最大努力避免教师的权威性和个体性对知识的陈述内容和价值的影响，展开一种将任何知识都作为一种探讨的方式来与学生进行交流和讨论的课堂氛围。

其次，要在教学内容上同步讲述确定性与不确定性知识内容，知识内容不再是传统的传授范围，而是要结合知识形成的背景、条件以及与此知识相关的争议内容等，为教学的内容打开进一步探讨的空间。尊重不同的观点，刺激学生的自我理解能力的提高。

（二）结合知识的不确定性开展新型教学形式

知识的不确定性能够开展学生的新视野，高速发展的知识体系和增长变量也能够刺激学生的发展能力和创新能力，教师要在知识世界的变化中，转变教学形式，引导学生正确面向未来,将培养学生的创新能力和创新精神作为教学形式改变的根本目的，真正实现传统教学向发展性教学模式的转变。

（三）引导学生自主参与发展性教学体系

教学活动具备一定的有序性，学生必须掌握一定的方法才能保障教学活动的顺利进行。教师在发展性教学模式中要引导学生自主参与到教学体系中来，引导学生学会如何表达自身观点，阐述与他人不同的见解；如何在学习讨论中与他人进行沟通、交流和倾听；如何见微知著，改善自身不足。刺激学生的自主参与性不仅仅在于激发学生对知识的兴趣，而且还在于引导学生以一种正确的思维方式进行知识的探讨、交流、总结和拓展。

第六节　大数据“MOOR”与传统数学教学的应用

MOOR是“后MOOC”时期在线学习模式的新样式。从现有的相关文献来看，没有MOOR与具体学科课堂教学整合的应用研究。MOOR课程与传统数学课堂相结合具有重要意义。MOOR代表了不同的在线教学模式，拓宽了在线教育的应用范畴。MOOR与传统教学相结合，能提高学生学习数学的兴趣。MOOR设计需要调整教学计划，构建应用型创新人才培养模式；调整教学内容，使教学方式多样化；MOOR课程开发应注重整体性与连贯性。

2013年9月，加州大学圣地亚哥分校的帕维尔教授和他的研究生团队在Coursera推出了一门名叫“生物信息学算法”的MOOR课程。在这门课程的第一部分，第一次包含了大量的研究成分。这些研究成分为学生从学习到研究的过渡提供了重要渠道，使得教学重心由知识的复制传播转向问题的提出和解决。MOOR（Massive Open Online Research，大众开放在线研究）仍带有MOOC的“免费、公开、在线”的基因，所以它可看作是MOOC的延续与创新，它代表了不同的视角、不同的教育假设和教育理念。

随着网络技术的飞速发展和移动终端设备的日益普及，在信息技术日新月异的今天，社会对财经类大学生的实践经验要求越来越高。培养学生的应用与创新能力，需要改变传统的教学模式，对有限的数学课堂教学需要延伸，而MOOR为我们传统的理论教学提供了一个很好的在线补充，能有效地培养学生的科研能力及创新意识和创新能力。MOOR也为学生提供了一种个性化的学习，它让学生可以在不同时间、不同地点，根据个人的空闲时间进行在线学习、讨论、共享与交流等。MOOR可以让学生看到数学知识的应用和实际效果。这既能培养学生学习数学的兴趣，又能提高他们学以致用的能力。

在这样的背景下，地方财经类院校要想走稳办学之路，办出特色，全校师生都得思考将来的发展问题，包括人才培养的模式和专业的结构。我们的课堂教学更应该注重应用型、复合型人才的培养。应用型人才、复合型人才的培养势必对大学生的创新能力有着较高的要求，而提高大学生的科研能力则是培养其创新精神的主要途径。大学生科研水平的高低已逐渐成为衡量本科高校综合实力和人才培养质量的主要标准。

一、MOOR课程与传统数学课堂相结合的意义

MOOR代表了不同的在线教学模式，拓宽了在线教育的应用范畴。正如德国波茨

坦大学克里斯托夫·梅内尔教授所说：“MOOC是对传统大学的延伸而不是威胁或者替换，它不能取代现存的以校园为基础的教育模式，但是它将创造一个传统的大学过去无法企及的、完全新颖的、更大的市场。”鉴于此，我们应该运用“后MOOC”的思维去审视与推进在线教育，与传统教学相结合，实现信息技术对教育发展的“革命性影响”，共同提高教学质量，培养高质量人才。

当今社会信息高度发达，竞争日益激烈，无论是哪一方面的竞争，归根结底都是人才的竞争。如今的人才必须具备一定的创新意识和创新能力，否则将很难适应信息时代的要求。事实上，如何培养学生的创新意识和创新能力一直是高校教学改革的重点和热点，也是高校教学改革研究的前沿课题，而MOOR在这方面具有独特的优势。

通过将MOOR与传统教学相结合，能提高学生学习数学的兴趣，让学生认识到数学学习的重要性，培养学生利用数学知识解决实际问题的能力，让学生巩固所学书本知识。MOOR可以培养学生的想象力、联想力、洞察力和创造力，还可以拓宽学生的知识面，提高学生的综合能力。在有限的课堂上，学生对一些知识点的理解需要点拨和时间来消化，为此，学生可以借助MOOR提供的相应章节知识点的典型应用或者是相关研究来对知识点进行全方位的理解或补充。同时，MOOR可以提高大学数学的教学质量，丰富教师的教学手法、教学内容，激发广大学生的求知欲，能有效地培养学生的科研和创新能力。

MOOR不仅向学生展示了解决实际问题时所使用的数学知识和技巧，而且更重要的是能培养学生的数学思维，使他们能利用这种思维来提出问题、分析问题、解决问题，并提高他们学以致用的能力。

MOOR课程的设计应按照一定的顺序和原则，围绕某个知识点深入展开，这样孤立的MOOR课程才能被关联化和体系化，最终实现知识的融会贯通和创新。对学生而言，MOOR课程能更好地满足学生对不同知识点的个性化学习、按需选择学习，既可查漏补缺又能强化巩固知识，是传统课堂学习的一种重要补充。

二、MOOR设计与探索问题

（一）调整教学计划，构建应用型创新人才培养模式

一是将MOOR引入大学数学教学中来，数学教学大纲，尤其是教学计划中的理论学时和实验（实践）学时需要调整。结合财经类院校的人才培养目标定位和财经类院校学生的专业特点，其数学教学计划也要做相应的调整。应及时更新每门数学课程的教学大纲，兼顾知识的连续性与先进性，提高课程的知识含量。二是为了充分发挥MOOR的作用，MOOR的开发应有计划，突出其实用性。要根据学校条件、学生的学

习支撑条件与特点，联系教学实际，科学地进行开发与应用；要聚焦于大学数学课程中学生易掌握的重点应用问题，突出“应用研究”功能，培养学生的数学思维能力与科研创新能力。

（二）调整教学内容，使教学方式多样化

MOOR以某个数学知识点为核心，可以采用文字、图片、声音、视频等多种有利于学生学习的形式。在MOOR课程中，教师应尽量设置一些与现实问题联系在一起的情景来感染学生，这样对学生学习数学有积极的影响。通过吸引学生的注意，激励学生完成指定的任务，从而进一步培养学生解决实际问题的能力和科研创新能力。课堂学习与MOOR课程学习相结合，要注重实效性。

（三）MOOR课程开发应注重整体性与连贯性

根据GPS信号容易失锁的特点，本节以INS/GPS组合卡尔曼滤波与BP神经网络的结构和工作特点为基础，设计基于BP神经网络辅助的组合导航算法，以保证整个导航过程中的精度。为了验证该算法，进行了跑车实验。

同时，MOOR课程也能促使教师对教学不断思考，让他们把自己从教学的执行者变为MOOR课程的研究者和开发者，激发教师的创造激情，促进教师成长，提高教师的科研能力，让教师实现自我完善，为教师的教研和科研工作提供一个现实平台。

不管哪种课程改革模式，目的都是培养学生自主学习、终身学习的能力，培养学生主动参与、乐于探究、勤于动手、获取新知识、分析解决问题的能力。在通信发达、网络普及的今天，教育必须与时俱进，充分发挥信息化的优越性，让教育网络化，让教育信息化。MOOR这个集网络、信息于一身的新生事物也应伴随我们教师和学生的学习成长。

MOOR就是一个创新的在线教育模式，它是培养学生在学习过程中，以现有知识为基础，结合当前实践，大胆探究，积极提出新观点、新思路、新方法的学习活动。而科学研究本质上就是一个创新的过程，科研活动是创新教育的主要载体。通过参与科研活动，可以有效培养大学生的创新意识和创新思维，提升大学生的创新技能。科学研究是实现科技创新的必要途径，大学生科研创新能力培养和提升是一项旨在培养大学生基本科研素质的实践性教学环节，对财经类院校而言，有着重要的意义。

总之，对于MOOR这样的新生事物，我们要积极研究和探索，取其所长，避其所短，既不能盲目跟风，又不能一概排斥，忽视现代化手段带来的积极作用。可以说，MOOR的应用对财经类院校的特色化以及可持续健康发展有着重要的意义。

第八章　高等数学教学创新研究

第一节　Mooc 对高等数学教育影响

MOOC 作为一个新兴大规模在线教育模式，已在世界范围内引起一场教育革命。MOOC 的出现必将对高等数学传统教育方法、方式产生影响，本节阐述了 MOOC 的发展现状，深入分析其优势和不足，以及对高等数学教育的影响和启示，结合实际对高等数学教育相关问题进行了论述。

MOOC（Massive Open Online Courses）即大规模开放在线课程。MOOC 又广泛地被人们称之为“慕课”，这一新潮流兴起于 2011 年秋，被媒体誉为“印刷术发明以来教育最大的革新”，2012 年更是被美国《纽约时报》称为“慕课元年”。多家专门提供慕课教育课程的供应商纷纷把握机遇展开竞争，coursers、edx、udacity 是其中最有影响力的“三巨头”。但是随着网络技术的普及，MOOC 作为一种新型的网络学习课程资源以其方便、快捷、成本低、效率高等诸多优点受到众多学习者的青睐，传统教学的作用受到质疑，教学组织形式面临重大挑战，甚至人们开始怀疑大学存在的意义。在此背景下，如何全面准确地认识 MOOC，理性分析 MOOC 对大学高等数学教学改革发展的影响，审时度势地提出积极的应对措施。

一、MOOC 简介及发展现状

所谓 MOOC 是 Massive（大规模的）、Open（开放的）、Online（在线的）Course（课程）四个词的缩写，指大规模的网络开放课程。2008 年，Dave Cormier 与 Bryan Alexander 教授第一次提出了 MOOC 这个概念。顾名思义，MOOC 的主要特点是大规模、在线和开放。“大规模”表现在学习者人数上，与传统课程只有几十个或几百个学生不同，一门 MOOC 课程动辄上万人。“在线”是指学习是在网上完成的，无须旅行，不受时空限制。“开放”是指世界各地的学习者只要有上网条件就可以免费学习优质课程，这些课程资源是对所有人开放的。现在为大家所熟知的 MOOC 源自 2011 年由斯坦福大学的塞巴斯蒂安·特龙和彼德·诺米格通过网络开放所授课程“人工智能导论”，吸引了来自 195 个国家和地区的 16 万名学习者，随即塞巴斯蒂安·特龙开发了 Udacity 平台。此后，麻省理工学院宣布在 2012 春季设立 MITx 平台，吸引众多国际知名高校纷纷参与进来。MOOC 兴起与迅猛发展并非偶然，它与互联网与信息技术的进步、供应商提供的专业化平台、众多高校的加入和庞大的市场需求密不可分。

虽然 MOOC 这个概念 2008 年就已提出，但是直到 2011 年秋季才为世界周知，因为由 Sebastian Thrun 和 Peter Norvig 两位斯坦福大学教授在网上开设的“人工智能导论”课程真的做到了“上万人同修一门课”，世界为之振奋: 来自 190 个国家的 16 万人注册，2 万 3 千人完成了课程学习，以往只为少数人享用的世界顶尖教育终于可以面向世界各个角落的平民。与自学不同，MOOC 提供了如大学课堂身临其境的学习感受，老师、同学、听课、讨论、作业、考试，不打折扣，原汁原味。受人工智能课程成功的激励，2012 年 1 月，Thrun 辞去了斯坦福终身教授的职务，成立了 Udacity 公司，专做免费网络课程。而早在 2011 年秋天，其斯坦福的同事 Andrew Ngand 和 Daphne Koller 就已经基于自己的 MOOC 实践，开办了 coursers 公司，成为 MOOC 课程的平台提供商。这两家起源于以创业著名的斯坦福大学的 MOOC 公司都得到了硅谷的风险投资，也都有专业人员对其进行媒体传播，一时间新闻迭出，也让 MOOC 概念广为人知。在雄厚资金的资助下，两家公司扩展很快，以 coursers 为例，在成立后的半年内就安排了近 30 门课程上线，到 2013 年 1 月，已经谈妥了 33 所大学 20 个门类的 213 门课程。如果只是斯坦福大学一家活跃还不足以引起世界轰动，2012 年 5 月，一向在开放教育这块领域比较沉稳的哈佛大学宣布与 MIT 合作成立非营利性组织 edX，也向世界各国的顶尖大学发出邀请，一起在开源的平台上提供开放的优质课程。2013 年 5 月，包括清华、北大、香港大学、香港科技大学、日本京都大学和韩国首尔大学等 6 所亚洲高校在内的 15 所全球名校也宣布加入 edx。一时间，风起云涌，加入者众多。

MOOC 作为后 IT 时代一种新的教育模式，横跨了教育、科技、金融、社会等多个领域，其兴起的背后，有着历史的必然性。MOOC 能在短时间内如此迅猛的发展，其原因引起人们的广泛关注。MOOC 兴起与迅猛发展并非偶然，它与互联网与信息技术的进步、供应商提供的专业化平台、众多高校的加入和庞大的市场需求密不可分。首先，互联网技术的成熟以及 MOOC 课程的教学模式已基本定型，使得照此模式批量制作课程成为可能。网络教育实践的教学经验能很好运用到 MOOC 的教学中；其次，供应商提供的专业化平台是 MOOC 发展的技术保障，与之前的高校建立自己的开放教育资源网站不同，这些专业化的平台提供商的出现，降低了高校建设 MOOC 课程的门槛和经费投入，也刺激了更多的一流大学的加入；第三，巨大的市场需求和大量风险基金、慈善基金进入，以及一些大学开始接受 MOOC 课程的证书，承认其学分。第四，企业界的支持和介入，阿里巴巴推出在线教育平台“淘宝同学”；腾讯在 QQ 平台中，增加了群视频教育模式；百度推出百度教育频道，开设“度学堂”；网易推出“公开课”和“云课堂”，新浪推出“公开课”。

二、MOOC 的优势和不足

与传统在线教育相比，MOOC 作为一种新型的学习和教学方法，具有其独特的优势和特点：使用方便；费用低廉；覆盖的人群广；自主学习；学习资源丰富；绝大多数 MOOC 是免费的，课程的参与者遍布全球、同时参与课程的人数众多、课程的内容可以自由传播、实际教学不局限于单纯的视频授课，而是同时横跨博客、网站、社交网络等多种平台，这为 MOOC 的推广和传播打下了良好的基础。可以跨越时区和地理位置的限制；可以使用任何你喜欢的语言；可以在目标人群中使用当前流行的网络工具；MOOC 可以快速架设，一旦学员接到通知，马上就可以展开学习，是像救灾援助式的紧迫式学习的最佳模式；可以分享与背景相关的任何内容；可以在更多非正式的情境下学习；可以跨越学科、公司或机构的连接；还具有跨文化交流的优势，不同国家地区的学习者在论坛中讨论学习非学习问题便于学习者之间跨文化交流，相互加深理解；不需要任何学位，你就能学习你想学的任何课程；MOOC 可以成为你的个人化学习环境或学习网络的一部分；能增强终身学习的能力，参与到 MOOC 中，你的个人学习技巧和对知识的吸收能力都将有所提高。

然而，MOOC 的劣势也不容忽视。由于学习者的教育程度参差不齐，单一的课程内容很难同时满足数以万计的学生需求，必然会导致某些学习者感到内容艰涩难懂而某些学习者又觉得内容不够深入，教师也难以根据全世界大量甚至矛盾的反馈，实时调整教学内容。MOOC 的早期阶段，这一问题非常突出。在 coursers 公司，在注册参加特隆和诺维格讲授的线上人工智能课的 16 万名学生中，最后只有 14% 念完了课程。而在 2012 年初注册参加麻省理工学院的一门电路课程的 15.5 万名学生中，只有 2.3 万人完成了第一套习题，约 7 千人即 5% 通过了这门课程。coursers 公司带领数万人完成一门大学课程都是一项不同寻常的成就，尤其想到每年在麻省理工学院只有 175 名学生修完这门课。但是中途退课的人数比例之高凸显了让线上学生保持专注度和动力的难度之大。再者由于学习者的受教育程度参差不齐，单一的课程内容很难同时满足数以万计的学生需求，必然会导致某些学习者感到内容艰涩难懂，而某些学习者又觉得内容不够深入，教师也难以根据全世界大量甚至矛盾的反馈实时调整教学内容。其次网络课程教育互动性弱，教授者与学习者之间没有面对面的眼神交流，不利于因材施教。

三、MOOC 对高等数学教育的影响和启示

MOOC 对高等数学教育的影响。MOOC 作为一种全新的、不同于传统的网络教学模式，具有广阔的发展空间和发展潜力。传统高等数学的教学方式不可避免地受到强

烈的冲击，相信随着 MOOC 平台的不断发展和完善必将会对高等数学的教学和改革产生深远的影响。

MOOC 丰富的教学资源将迫使教师强化自己的教学设计，丰富自己的教学资源。MOOC 有着相当丰富的优质教学资源，大量名校名师推出的在线课程供学生自由选择而且新课程的上线速度非常快，学生可以依据自己的兴趣或发展需求，方便快捷地找到全球各学科最高水平的课程。这对传统高等数学的教学来说无疑是一个巨大的挑战，当前，高等数学课程设计老套，课程资源有限，开发缺少创新，不能满足学生的个性化培养需求，这一定程度上反映了高等数学教师的设计能力有待提高。

MOOC 灵活的教学方法促使教师改进教学方式提高教学技能。MOOC 采取“翻转课堂”教学方式，采用优质的视频课程资源代替面对面讲授；学生在课堂外先观看和学习教师做好的教学视频资料，课堂变成师生之间以及学生之间研讨和解决问题的场所。翻转课堂颠覆了传统的教师讲授，学生作业的单向传授式、填鸭式教学。因此，教师应以此为契机，加强对教学方法、教学手段的研究和创新。反思如何进行学习者的组织管理，如何引导学习者深度参与，不断提高信息素养和教学技能。

MOOC 颠覆了传统的教学时间和空间安排，不仅能够满足学生自主学习和个性化学习的需求，而且能够增强学生和教师之间的交流，并促进学生问题解决能力以及创新能力的发展，而 MOOC 和已有的各种开放课程则为教师开展翻转课堂实践提供了内容和资源的质量保证。在这种情况下，与传统高等数学教学相比，MOOC 在线学习具有一定优势和重要性，因此，高等院校高等数学教学改革需要抓住这一良好的机遇，从内到外的打破传统的教育理念和方法，改变教学模式，提高创新能力，深化课程与教学改革。

在 MOOC 迅猛发展和国际高等教育竞争日益加剧的背景下，高等数学教育迎来了难得的发展机遇，也面临着前所未有的挑战。首先，应把 MOOC 纳入大学学科发展规划中；设计高等数学自身的发展规划时，应当把握世界高等数学发展动态，及时关注，加强研究，有计划分步骤地推出自己的发展规划，把高等数学 MOOC 建设纳入到学校的学科中长期发展规划中；其次，把 MOOC 引入高等数学课堂教学中；作为教师应当认真学习，尽快掌握，大学数学国家精品课程，世界名校视频公开课和中国大学视频公开课都是我们宝贵的教育资源，数学教师应该将这些开放的教育资源引入到自己的课堂教学实践之中，提升课堂教学效果和人才培养质量。帮助学生掌握在线学习方法；MOOC 的快速发展，使在线教育成为现实，但不是每一个学生都能从中受益，MOOC 的使用不仅需要一定的英语基础，熟练的计算机操作技能，还需要一定的技巧和方法，教师有义务帮助学生掌握在线学习的方式和方法，不断提高学生的学习效率和效果；最后，继续探索高等数学教育模式的创新；将在校课堂学习与在线校外学习有机结合，既保持在线网上获取丰富多样知识资源的优势，又结合课堂学习的特点，强化知识的组成和结构的优化，创新在校学习与传统专业化培养的模式，实现教与学的有机结合创新现有的模式。

第二节 高等数学教学应与学生专业相结合

高等数学是高等教育体系中最为重要的一门基础课程，高等数学的知识也几乎会应用到各专业基础技能课程与职业技能课程中。因此，高等数学教学与学生专业的结合，有利于将高等数学课程打造成专业基础课程之一，在高等数学课程中开展专业教育，结合学生专业进行授课，以提升高等数学教学的专业性。本节针对高等数学教学现状，从学生专业发展角度出发，探究如何实现高等数学与专业的融合，基于学生专业特点针对性安排教学，以提升高等数学教学的质量。

现如今，高等数学作为基础性课程，在工学、理学以及经济学等具有重要作用，应该和专业课程紧密联系，才能促进学生专业课程的学习。

一、高等数学教学与学生专业融合的价值

高等数学课程作为重要的基础性课程，其知识点对学生专业学习尤为重要，无论是电子类专业还是物理类等理工科专业中，学生在专业课程学习中都要运用高等数学知识。实现高等数学教学与学生专业的融合，旨在从各专业对高等数学知识的实际需求，改变常规的高等数学教学方式，突出学生的专业特点，选取合适的教材与教学资源，针对性展开高等数学教学，以夯实学生专业学习的基础。

对于经管类和理工类专业学生而言，高等数学既是一门公共基础课程，也是升学考试的必考科目，在后续专业课程教学中其知识点也会反复出现，学生在高等数学教学过程中，应掌握各种问题的处理技巧，了解数学思想以及逻辑推理方法，以便于学生在后续课程学习中不会太吃力。

所以，高等数学教学应转变传统的知识传授型教学，结合学生专业中的实际问题，将高等数学课程打造成专业基础课程，让学生学会应用高等数学知识，明白自己为什么要学习高等数学以及高等数学在整个教学体系中的地位。

二、实现高数教学与学生专业相结合的教学模式研讨

基于诸多高等数学任课教师的反复思考与讨论，要实现社会对创新性思维以及创新能力的高素质人才培育要求，高等数学应该实现教学方法以及教学手段的改革，基于学生专业对高等数学知识点的要求，构建新的教学模式。

目前，高等数学教学改革主要是有两种数学教学模式，一是分级分层教学模式，二是与专业课程紧密结合的教学模式。前者的优势在于能兼顾个性差异，有利于促进个体知识水平以及数学能力的提升。在张涛等人对“高数分级”教学模式的论述中，分层次教学的内容以及方法等，都更加重视个体个性的张扬，以个体为教学主体，重新设计分层教学目标以及实施策略。后者则是要实现基础课程与专业课的融合，将学生数学能力培养与专业课教学紧密相连，认为高等数学应为专业课程教学服务，应遵循人本原则，从学生成才的主要过程中实现高等数学知识与专业课程知识的融合，引导学生应用数学知识解决专业实践问题。

这两种教学模式各有千秋，无论是哪一种都离不开专业课程与数学课程的配合，而不是局限于高等数学的这一门课程教学。这就意味着，高等数学教学的改革，不能脱离整个工科专业发展，要在“工科”教育体系整体改革中找好自身的定位，从后续专业课程学习需求、学生现阶段学习水平等入手，将课程教学内容与相应的专业知识点结合起来，进而挖掘高等数学知识的应用价值，保证高等数学教学能满足学生升学、专业学习等要求。

三、高等数学教学与学生专业融合的有效措施

首先，改变学生学习方式，融合专业实际案例。高等数学教学改革面临的主要问题就是学生学习兴趣低下、缺乏科学地学习方法。多数学生缺乏自主性，没有形成优良的学习习惯，在上课期间难以理解课程知识。因此，在教学改革中，教师在解释数学知识点时，可采用专业相关的实例。例如在导数概念部分教学时，针对物理专业的相关学生可用变速展现运动的瞬时速度举例，面向电子专业学生可展示电容元件的电压与电流关系模型，通过不同的实例，引导学生练习专业知识理解导数，推进高等数学教学内容更加贴近专业。

其次，树立专业服务理念，注重课程体系革新。高等数学教师应在融合教学改革中，树立高等数学要为专业服务的教学理念，将高等数学课程的教学目标定位在为专业服务上，将自身学科优势作为专业课程开展的切入点，以打破高等数学课程自成体系的现状，走出数学学科的局限。高等数学教学一定要走入专业课程体系中，基于数学知识在相关专业问题中的应用，发挥高等数学在专业中的工具性价值，以专业作为课程教学改革的核心，在内容上有所取舍，明确各专业中高等数学课程的教学重点。例如，电子专业中，高等数学课程要为电子专业课程服务，针对频率相角关系、感应电动势模型等，讲解导数在电子专业中的应用，通过电路分析探究定积分的应用，在高等数学教学中引入专业课程知识。

最后，结合专业制定教学大纲，实现课程连贯性教学。专业教学中很多课程之间

的都是连贯展开的，例如物理专业中的原子物理以及固体物理，还有理论力学、量子力学、电动力学等，高等数学课程与学生专业的融合，也要从后续专业课程的安排入手，制定符合专业知识结构与基础知识的教学大纲，合理安排高等数学的教学内容计划。高等数学教师应深入与专业教师沟通，并从学工处了解相关专业毕业学生的实际工作情况，通过专业学生发展的实际需求制定高等数学教学大纲。结合专业实际问题安排教学内容，以便于学生从自身专业角度去学习与应用高等数学知识，切实将高等数学课程与专业课程有机联系起来，为学生今后专业学习奠定优良基础。

综上所述，基于高等数学课程在专业课程体系中的价值，高等数学教学与学生专业的融合，要引入专业实例，不能孤立数学知识与专业知识，需在讲解高等数学知识的时候，结合相应的专业知识问题，打破课程之间的隔阂。

第四节　高等数学教学设计探讨

本节针对“高等数学”课程教学内容抽象、理论性强等特点，从当前高校“高等数学”课堂教学现状出发，结合自身的教学实践，阐述了优化教学设计，提升“高等数学”课堂教学效果的策略。

“高等数学”是全国各大高校必修的一门公共基础课。学习“高等数学”不但能为学生学习后续专业课打下基础，还能培养学生的逻辑思维、抽象思维，以及分析和解决问题的能力。作者根据自己多年的教学实践，针对优化“高等数学”的教学设计，提出了几种行之有效的做法。

一、教学方法与手段设计

（一）板书与多媒体相结合

数学教学是思维活动中的教学，相对于其他学科而言，板书对学生的学习有特别重要的意义。所以大多数“高等数学”教师采取的还是传统的“黑板＋粉笔”教学方式。但是单纯的板书教学很难让学生产生学习兴趣，而完全使用多媒体教学，学生又没有足够的时间去思考和消化吸收。因此，为了更好地促进学生学习，提升教学效果，教师应该把板书和多媒体两种教学方式有机结合起来。根据教学内容，在授课过程中选择板书教学与多媒体教学相结合。

（二）鼓励学生自主学习

大学生有较多自由支配的时间，而且他们的身心发展已趋于成熟，具有较强的自我控制力。因此，教师应该鼓励学生摆脱之前的被动学习，开始自主学习。教师只是作为学生学习的组织者、引导者和合作者，把课堂还给学生，充分发挥学生的主观能动性。

二、教学内容与过程设计

（一）故事导入，联系生活

教学教学实践表明，结合具体教学内容，合理引入数学史中的一些小故事，不仅能调节课堂气氛，还能充分调动学生的学习积极性，激发学生的求知欲望。下面结合教材中的教学案例来说明。

在讲解定积分在几何上的应用这节课时，可以给学生讲述 CCTV5 百岁山广告背后的一个凄美的爱情故事：52 岁的笛卡尔邂逅了 18 岁的瑞典公主克里斯汀。几天后，国王聘请他做了小公主的数学老师。每天形影不离的相处使他们彼此产生爱慕之心。国王知道后勃然大怒，下令将笛卡尔处死，克里斯汀苦苦哀求后，国王将其流放回法国，克里斯汀公主也被父亲软禁起来。笛卡尔回法国后不久便染上重病，他日日给公主写信，都被国王拦截。笛卡尔在给克里斯汀寄出第十三封信后就气绝身亡了。这第十三封信内容只有短短的一个公式，国王看不懂，就把这封信交给一直闷闷不乐的克里斯汀，公主看到后，马上着手把方程的图形画出来，看到图形，她开心极了，因为方程的图形是一颗心的形状。

（二）引入游戏，寓教于乐

考虑到现在的学生都是在“游戏、玩乐”的环境中长大的，可以把游戏引入到“高等数学”课堂中，让学生对内容更易于接受，理解更加透彻。下面结合具体教学内容举教学实例来说明。实例：谁是卧底。“高等数学”中有一些概念很相似，学生经常容易混淆，弄不清楚它们之间的差异。湖南电视台的《快乐大本营》节目中的“谁是卧底”这个游戏，考验的就是玩家描述相似事物的能力。如果我们把一般游戏里面用的一对事物用数学概念来代替，学生就需要对这些概念的特征非常熟悉，而且还需要分辨出两个概念的差异。学生通过自己的理解和描述找出卧底，赢得游戏，就会对概念的记忆更加深刻，理解更加透彻。比如：（1）游戏中的一对事物为“不定积分”和“定积分”。它们都是积分学的重要内容，两者的特征区别是比较明显的，不定积分的结果是一组函数，而定积分的结果是一个数。（2）游戏中的一对事物为“偏导数”

和“方向导数”。它们描述的都是函数的变化率，两者的特征区别是：按照定义方向导数是单侧导数，而偏导数是双侧导数。这样不仅能寓教于乐，而且还能大大提高学生的学习兴趣。

（三）抽象内容通俗化

“高等数学”中的概念和定理比较抽象。教师如果用专业术语来讲授，听起来很高大上，但是学生学起来感觉晦涩难懂，不感兴趣。如果我们改用通俗易懂、形象生动的语言进行讲解，不但能激发学生的学习兴趣，还能增强记忆效果，提高理解力度。长期的教学实践表明，在保证教学内容严谨的前提下，如果把抽象的内容尽可能采用幽默风趣、贴近生活的语言讲的通俗化、形象化，学生理解起来会更容易，学习数学的积极性也会更高。

三、考核评价方式设计

“高等数学”的考核方式主要是以期末考试成绩为主，平时成绩形式化，明显存在重知识，轻能力；重结果，轻过程的现象。在“高等数学”的教学过程中应重视学生的主动性与参与度，为此将评价分为平时表现、课堂测试、实验报告、期末考试四个维度。平时表现评价，占总成绩的30%，主要包括平时出勤、课堂表现、课后作业三个部分。对于课堂表现好、积极思考、踊跃回答问题、协助教学的学生应酌情加分以提高学生学习的主动性。课后作业主要考查学生的课外学习情况，对有一题多解、有自己独特见解和解后有反思的同学给予酌情加分以资鼓励。课堂测试评价，占总成绩的10%。期末考试评价，占总成绩的50%。减少期末考试所占总成绩的比重，学生就会重视对平时知识的积累，临时抱佛脚、突击学习的现象也会相应减少。

教学质量来源于课堂教学效果，课堂教学效果的提升是一个永恒的话题，需要教师在设计教学过程中不断摸索并付诸实践。教师要善于用一些技巧和手段来创设一种轻松、愉悦的课堂氛围，这样才会调动学生学习“高等数学”的兴趣，使学生的思维处于高度活跃的状态。只有学生从“要我学”变成“我要学”，主动回到课堂上来，教学质量才会提高。

第五节　管理学思维下的高等数学教学

高等数学教学除了要教学，还要做好管理，就是要做好计划、组织、领导、控制工作，从而为学生的全面成长成才打下基础，为把学生培养成德、智、体、美、劳全面发展的社会主义建设者和接班人打下基础。

一、基本认识

为了把学生培养成德、智、体、美、劳全面发展的社会主义建设者和接班人，为了使学生牢固地掌握数学知识，更有效率地完成数学的目标，数学老师有必要在高等数学的教学中引入管理的理念和方法。

传统的思维认为教师只是一名操作者，而事实上数学教师在传授数学知识的时候，是要履行计划、组织、领导、控制职能的，所以数学教师既是一名操作者，又是一名基层管理者。而教师作为一名基层管理者，要开展工作、做好工作，就要具备相当的素质。而一个人的素质包括品德、知识和能力三个方面。品德方面，教师应该有强烈的事业心、高度的责任感、创新意识、合作意识、竞争意识、实干精神、团队意识等。知识方面，教师应该有专业知识（数学专业知识）、教育学心理学知识、政治法律方面的知识、管理学知识等。在能力方面，则需要有技术技能、人际技能、概念技能等。而素质的提高则依赖于学习、培训和个人实践、总结。

在具体的教学实践和管理实践中，采取以人为本的管理思想，把学生看成一个个有想法、有优点同时有不足的个体来看待，尊重学生，理解学生，引导学生，激励学生，以身作则、身体力行引领学生前进。同时采取必要的量化管理指导思想。

在进行环境分析的时候，我们就会发现，班集体这个组织的外部环境既有国家、社会这样的大环境，又有学校这样的“小社会”环境。众所周知，我们的国家是社会主义国家，是为中国人民谋幸福的国家，我国有 56 个民族，像石榴籽一样紧紧团结在一起，同时我们的民族也打败了国外侵略势力，制造了原子弹、导弹、卫星、高铁等，可以说我们中国人既是勇敢的又是聪明的。在学校这个相对较小的环境，校园文化中既有社会主义核心价值观思想，又有雕刻在石头上的“问道”“弘毅”等中国传统文化的熏陶，还有布置在教学楼走廊上的一幅幅带有名人名言的画框，如门捷列夫的“天才就是终身不懈的努力”等。同时，作为教师，我们还要构建班集体、构建数学课堂的组织文化，在上课时提倡爱自学、爱提问、爱记笔记、爱讨论的学风建设，在学习中提倡疑难困惑处给出明确答案的思维方法，提倡既要总结知识、又要进行题目训练（特别是花一定时间进行难题训练）的学习方法。这样来好好地改造一下学生的学风、态度、思维习惯等。

二、计划

班集体作为一个客观存在，数学课作为学生的必修课，设定数学课的目标是教师的首要任务。不管在任何环境下，目标一定要明确。从知识角度而言，就是传授一元函数的微积分、向量代数与空间解析几何、常微分方程、多元函数的微积分、级数论等。从能力角度而言，就是学生能用所学知识解决问题。数学竞赛是一个很好的测试。从具体素质角度而言，就是要培养学生守纪律守规矩的意识，使其养成吃苦耐劳的品质，养成勤于思考、善于思考的品质，培养学生提出问题、分析问题、解决问题的能力，培养学生的团队意识、合作意识、竞争意识以及追求卓越的心理诉求。从分数角度而言，可以让学生自己设置测验和期末考试预期的分数。高等数学课的目标一般与教学大纲一致。而要实现这些目标，就要围绕着以下内容开展工作。

首先，要制订计划，计划是一切成功的秘诀。凡事预则立，不预则废。这就体现了计划的重要性。高等数学课的计划一般体现为一个授课计划，讲清楚总课时、参考书、成绩构成、每节的课时重点等。除此之外，计划还需明确习题练习、测验、辅导答疑等。习题练习要按照三轮的思路来进行，即上新课时来一遍重点知识练习，习题课来一轮练习，习题课可选择较难点的题目（如南京工业大学陈晓龙、施庆生老师的《高等数学学习指导》的测试题 A）来进行训练，期末前再来一轮习题训练（这一轮可以学生自出题和教师归纳的易错题为重点）。通过习题来解除学生心中知识点上的疑惑，巩固重难点，提高学生的综合素质。测验课要合理设计，容易题、中等题、难题都有一定比例。辅导答疑要安排时间，既鼓励学生自学查资料，又鼓励学生互帮互助，同时要明确最后不会的问题都可以到老师那里求助，而且一定要解决掉问题。这就是整体计划上的安排。

教师在教学中，会遇到一系列的管理问题，如考试作弊、作业抄袭、上课不认真听讲、课后不认真作业、不预习、学生碰到难题不知道想办法解决等。这些问题都需要教师做出决策。教师要经常地提出问题、分析问题、解决问题。在决策并执行的过程中，教师要克服优柔寡断、急于求成、求全求美等不良心理。在制订错误决策的时候，要学会承认、并做出检查、调整和改正，始终不离目标以及为目标制订各项计划。

三、组织

有了目标和计划，下面就是进行一定的组织设计。班集体已经是一个集体了，但是我们可以把班级分成若干学习小组，把班集体建设成一个学习型组织。学习小组的设计原则：目标原则、分工协作原则、信息沟通原则、有利于学生成长和发展原则等。目标是很明确的，前面已经有清晰的阐述。通过第一次测验，选取班里四分之一到三分之一考试成绩相对较好的同学为学习小组长，其他同学根据相互关系分别加入小组长的小组里。班集体数学课专门建立一个 QQ 群，训练小组长和组员同学的讲题意识。

在建立了学习小组后，要明确小组长的职责。小组长职责：讲解每章的测试题 A，回答组员提出的问题，督促组员认真学习。这个小组长的职责要明确下来并告诉所有同学，确保所有同学都掌握。当然小组长不会的题目，最后都可以找教师来解决，教师是组长和组员的有力支撑。组员的职责：认真听组长讲解测试题A、搞懂每一道题目，组员轮流讲解测试题A，不懂的问题要向组长提问，也可以向教师提问。

四、领导

教师作为一名管理者，也是一名领导者。教师在带领学生实现目标的过程中，要调动学生的积极性和把握大方向，发挥好指导、协调、激励作用。指导学生的学习方法，解答学生心中的疑惑等；学生偏离目标了，要发挥好协调作用，把大家团结起来，好好学习、天天向上；学生遇到挫折、懈怠了，要以身作则激励学生。职权和威信是实施领导的基础。教师的职权是很清楚的。而教师的威信需要教师的品格、知识、能力以及对学生的爱的情感来支撑。教师施加影响也有一系列方法，合理的要求、奖励性的辅助方式、考试不通过的惩罚方式、恰当的说明方式、本人的人品影响、鼓励号召等方式。可以说，方方面面都有可能影响到学生，促进学生内心的变化，进而影响其行为，最终达成目标。在具体的领导中，教师既要关注学生是否完成作业、认真听讲、互帮互助等任务性安排，也要和学生共情、关注学生的所思所想。通过适当的领导方式，促进学生的任务成熟度和心理成熟度，为完成目标打下基础。

没有信息交流，就没有领导行为。在领导实践中，沟通扮演着重要角色。没有沟通，人与人之间就无法协作；没有沟通，人就无法融入社会。要让学生学会自我沟通。只有更好地了解自己，才能更好地了解他人，才能更好地与人沟通。要提倡学生之间的沟通，教师也要和学生多沟通。沟通时要热情、真诚。教师要学会倾听（听清、注意、理解、掌握），知道学生的疑惑并能解决。班集体数学课堂要建立QQ群，便于班级同学相互和师生沟通。

有些学生是理性的，有些学生认识还比较肤浅。此时，教师就要做好激励工作，激发学生的好的行为。明确告知学生努力学习数学能够提高推理判断能力，能够提高学习能力，能在掌握数学知识的同时解决一些实际问题；要引导学生的正确价值观，使其养成勤劳的习惯，要好好学习、天天向上，要爱学习，懂得学习是一个人的看家本领；要鼓励学生敢于施展抱负，使学生明白将来总是要攻坚克难的，那何不趁现在以高等数学为练习，培养自己追求卓越克服困难的品质。何况现在还有老师带着大家一起进步呢？当然，学习成绩优秀也是有奖学金的。

五、控制

计划工作是明确目标，做出整体规划和部署；组织工作则是为完成目标做好组织结构搭建和明确岗位职责；领导工作则是做好指导、协调、激励工作，而控制工作就是检查、监督、确定班集体和各小组看展活动情况，为实现目标而进行的一系列纠偏活动。没有有效的控制，班集体就可能偏离原定的目标，就有可能完不成目标。学生的素质就不能得到很好的提高。

控制的内容就是我们前面阐述的目标，就是我们前面讲到的学生自定的分数和教师认为应该达到的分数。而有效控制应该是这样的：鼓励学生自我控制，分数应该是有弹性的，教师对所有的学生都应该是公平的、客观的，控制应该是积极的，是确实为学生的成长成才考虑的，控制应该及时纠正偏差。比如作业不认真做、抄袭了，教师应该明确指出；上课不认真听讲了，教师也应该指出来；组长不讲解测试题了，要询问是否有问题并帮助解决掉。所有的控制行为都来不得半点虚假，教师要老老实实、踏踏实实、勤勤恳恳地去做，教师要多做一些细小周密的工作。对于学生对控制的一些不理解要采取对策，要建立合理的控制系统（分数标准、学习态度标准等），可以让学生共同参与目标制订，可以让班长、课代表、小组长都加入控制中。可以采取事前控制、事中控制、事后控制的方法，也可以采取预防性控制和纠正性控制的方法。

为了很好地控制，教师要建立管理信息系统。这具体体现为记分册和学生的目标分数，通过这些分数来发现学生的问题，及时地纠偏。作业做得不好要提醒，没有交的要提醒，做得好的要表扬，考试成绩也要公开。

作为一名高数教师，我们要有明确的教学大纲，而为完成大纲要求，除了要认真备课、教学，还要认认真真地做好计划、组织、领导、控制工作，从而为学生的全面发展和成长成才添砖加瓦。

第七节　高等数学教学的生活化

和初中、高中数学相对比，高等数学这门课程具备较高的逻辑性，和实际生活关联没有那么密切,也正是因为如此,很多学生在学习这门课程的过程中会产生恐惧心理，害怕学习这门课程。这种恐惧心理对学生学习高等数学产生消极影响，已经成为高等数学教学中所要解决的重要问题。对此，在本节中重点对高等数学教学生活化进行分析和研究，提出了几点关于有效开展高等数学生活化教学的策略，期望能够为同行提供一些借鉴和参考。

对于大部分大学生来说，高等数学是他们刚进入大学就要学习一门基础课程，所以高等数学教学是至关重要的，不仅有助于培养学生的逻辑思维，对于学生后续课程的学习也起着至关重要的作用。作为高等数学教师，在对学生进行课程知识讲解之前也一定反复强调本课程的重要性，然而越是强调，学生越容易产生恐惧心理，这对于学生学习高等数学会产生不利的影响。学生之所以会对高等数学课程的学习产生恐惧心理主要是因为这门课程的理论性较高，也就是不贴近学生的实际生活，所以在对学生进行数学课程教学的过程中要怎样才能够减少学生的恐惧心理，让他们学习高等数学变得简单和轻松呢？高等数学教师可以采取生活化教学的方式来对课程知识进行讲解，缩短课程和实际生活的距离，这就可以减轻学生的恐惧心理。在下文中主要提出了几点有效实现高等数学教学生活化的策略。

一、收集与高等数学相关的实例

所谓高等数学教学生活化其实就是理论联系实际，这与中国共产党所提出的理论联系实际的思想路线是一致的，通过将理论知识和实际生活联系到一起可以有效避免高等数学教学思想僵化。所以大学数学教师要多收集一些和高等数学有关的生活实例，并在课程知识讲解的过程中将其和课本中的理论知识进行联系，从而让学生感受到所学内容和生活紧密相关，降低学习难度。因此，大学数学教师在对高等数学知识教学的时候，可以先列举几个和本次所要教学的内容相关的生活实例，这不仅能够增加学生对高等数学的了解和认识，而且还可以增加课堂教学的趣味性。

二、例题的讲解生活化

通常情况下，数学教师在对学生进行教学之前都会对课程的背景知识进行简单介绍，从而调动起学生对本课程的学习兴趣，但是学生对课程学习的积极性不会简单地因为一次背景知识介绍就持续到课程结束，所以数学教师在课堂教学中还需要采取例题生活化讲解的方式来激发学生对课程内容的学习兴趣，让他们主动参与到高等数学知识的学习过程中。

以高等数学中概率论以及数理统计部分的例题为例，这部分知识理解起来比较困难，这时数学教师可以列举一些学生身边的实际例子来作为题目，让学生进行分析和思考。在对几何概型进行讲解的时候，教师可以将男女同学在某一个时间段是否可以见面这个实际生活的问题来作为例题让学生进行分析和练习，通过列举这样的教学例子可以充分激发学生的学习兴趣，引发学生进行分析和思考。另外，在对全概率公式以及逆概率公式进行讲解的时候，为了让学生能够对这两个公式熟练掌握，数学教师可以将学生在学习的过程中的付出和最后取得的成绩作为例子来进行讲解，这不仅可以让学生认识到所学数学知识和实际生活的密切相关性，而且还可以让学生知道努力学习的重要性，进而将高等数学教学生活化，提高课堂的教学质量。

三、选择合理的教材

因为高等数学是大部分大学生都要学习的课程,所以网上有很多高等数学的教材,选择不同的教学课本对学生高等数学的质量也会产生重大影响。这就要求数学教师为学生选择合理的教材来进行高等数学教学。在对教材进行选择的时候，数学教师一定要充分考虑到学生的实际情况，因为数学这门课程本身逻辑性和理论性就比较高，如果继续选择一本单纯讲理论的教材会让学生在学习的过程中感觉非常困难以及枯燥无聊，甚至会产生厌倦和恐惧的心理，所以数学教师在对高等数学教材选择的时候，应该选择一本其中既包含必要的定理以及公式，还包括相关的背景知识以及实际生活的案例的教材，这对实现高等数学教学生活化具有重要意义，同时还可以帮助学生在学习的过程中产生良好的学习体验。

四、认真观察和思考生活

数学教师作为高等数学的教授者，在高等数学教学生活化的过程中发挥着至关重要的作用。为了实现教学生活化，教师需要能够在课堂教学中列举出合适的生活例子，这就需要数学教师能够对生活进行仔细观察和思考,找出和课程知识有关的生活实例，然后在课程教学的过程中为学生进行讲解，让他们意识到高等数学课程与实际生活之间的密切关系。可能在选择和列举生活实例的过程中，不同的人会对相同的一件事产生不同的看法和理解，但是通过列举生活实例可以引导学生进行分析和思考，提升学生的自主学习能力。此外，学生作为高等数学的学习者，也要对生活进行认真观察和思考，因为教师自身的时间和精力是十分有限的，而且高等数学的实际应用有很多，单纯依靠教师来寻找和讲解太过有限，因此，学生必须在学习的过程中多注意观察、多加思考、多问为什么，擅于从生活中去寻找问题、发现问题。

综上所述，在过去的高等数学教学中存在较多的问题，这要求数学教师开展生活化教学，从而有效降低高等数学的学习难度，促进学生对课程知识的理解和认识，加深学生对高等数学知识的印象，从而提高高等数学的教学质量。

参考文献

[1] 吴海明，梁翠红，孙素慧作 . 高等数学教学策略研究和实践 [M]. 中国原子能出版传媒有限公司 , 2022.03.

[2] 陈业勤著 . 高等数学课程与教学论 [M]. 西安：西北工业大学出版社 , 2020.09.

[3] 吴建平著 . 高等数学教育教学的研究与探索 [M]. 哈尔滨：哈尔滨地图出版社 , 2020.08.

[4] 高等数学及其思想方法应用有效性研究 [M]. 哈尔滨：哈尔滨出版社 , 2020.08.

[5] 李奇芳著 . 高等数学教育教学研究 [M]. 吉林出版集团股份有限公司 , 2020.07.

[6] 翻转课堂教学模式在高等数学中的应用研究 [M]. 北京：北京工业大学出版社 , 2020.06.

[7] 张欣 . 高等数学教学理论与应用研究 [M]. 延吉：延边大学出版社 , 2020.

[8] 李燕丽，刘桃凤，冀庚 . 立德树人在高等数学教学中的实践 [M]. 长春：吉林大学出版社 , 2020.

[9] 储继迅，王萍主编 . 高等数学教学设计 [M]. 北京：机械工业出版社 , 2019.12.

[10] 杨丽娜 . 高等数学教学艺术与实践 [M]. 北京：石油工业出版社 , 2019.12.

[11] 时耀敏著 . 高等应用数学理论与应用研究 [M]. 哈尔滨: 哈尔滨工业大学出版社 , 2019.08.

[12] 江维琼著 . 高等数学教学理论与应用能力研究 [M]. 长春: 东北师范大学出版社 , 2019.06.

[13] 姜伟伟著 . 大学数学教学与创新能力培养研究 [M]. 延吉：延边大学出版社 , 2019.05.

[14] 王洋，何其慧著 . 数学方法论与大学数学教学研究 [M]. 吉林出版集团股份有限公司 , 2019.05.

[15] 刘莹著 . 新时代背景下大学数学教学改革与实践探究 [M]. 长春：吉林大学出版社 , 2019.04.

[16] 都俊杰编著 . 高等数学教学实践研究 [M]. 长春：东北师范大学出版社 , 2019.01.

[17] 刘江著 . 高等数学视角下的中学数学教学研究 [M]. 吉林出版集团股份有限公司 , 2018.12.

[18] 李玲著 . 高等数学创新教学模式探索 [M]. 中国原子能出版社 , 2018.09.

[19] 王宇光 .“以生为本”的高等数学教学方法策略研究 [J]. 山海经 (教育前沿),2021,(第 23 期)：99.

[20] 陈琪浩 . 创新创业教育背景下高职高等数学教学方法与策略探究 [J]. 文渊 (小学版),2021,(第 9 期)：1775-1776.

[21] 荆素风 . 高等数学微积分教学中数学思想方法渗透策略 [J]. 山西财政税务专科学校学报 ,2021,(第 6 期)：69-71.

[22] 牟孟钧 . 高等数学课程教学中应用概率论知识及方法的策略 [J]. 学园 ,2022,(第 22 期)：23-25.

[23] 魏淑丽 1, 玄兆坤 2. 浅谈高等数学课堂教学方法与策略——评《高等数学解题方法与技巧》[J]. 教育理论与实践 ,2018,(第 35 期)：65.

[24] 呙立丹 , 孙宇锋 , 赵立军 . 基于特征分析的数学思想方法在《高等数学》中的教学策略 [J]. 教育教学论坛 ,2019,(第 32 期)：180-182.

[25] 宋淑蕴 . 提高高等数学教学质量的方法策略 [J]. 外语学法教法研究 ,2015,(第 15 期)：80-81.

[26] 陈云龙 , 温焕明 . 应用型本科高等数学教学策略与方法 [J]. 青年科学 (教师版),2014,(第 10 期).

[27] 庞通 . 创新创业教育背景下高职院校高等数学教学方法研究 [J]. 中文科技期刊数据库 (全文版) 教育科学 ,2022,(第 3 期)：108-110.

[28] 李继猛 . 高等数学课程教学策略 [J]. 学园 ,2021,(第 29 期)：40-42.

[29] 郭鑫 , 刘勇 , 张云华 , 李烨昊 . 高等数学教学课程中的教学设计策略研究 [J]. 学周刊 ,2022,(第 31 期)：24-27.

[30] 刘帮杰 . 电大高等数学教学策略 [J]. 东西南北 (教育),2021,(第 6 期)：119.

[31] 刘燕 . 智能时代视野下高等数学教学策略研究 [J]. 中国新通信 ,2022,(第 12 期)：203-205.

[32] 谢蔚 , 方国敏 . 高等数学中概念教学的策略分析 [J]. 曲靖师范学院学报 ,2020,(第 3 期)：9-13.

[33] 杨祺 1, 曹月波 2. 数学史融入高等数学教学的策略 [J]. 新疆师范大学学报 (汉文自然科学版),2021,(第 1 期)：82-86.

[34] 余航 . 数学建模思想和数学实验方法融入高等数学教学改革的方法分析 [J]. 科教文汇 ,2021,(第 2 期)：78-79.

[35] 王欣 , 齐新社 , 高翠翠 , 魏浩兵 . 基于教学环节的高等数学课程思政策略研究 [J]. 高等数学研究 ,2022,(第 4 期)：119-123.

[36] 刘葵 , 黎华琴 . 基于“雨课堂”的高等数学教学策略 [J]. 西部素质教育 ,2019,(第

14 期)：191，193.

[37] 王文平 . 高等数学教学中数学思维培养策略探究 [J]. 大学 ,2021,(第 39 期)：152-154.

[38] 侯彩霞 . 高等数学绪论课的教学策略与实践 [J]. 长沙航空职业技术学院学报 ,2019,(第 2 期)：24-27.

[39] 郭志慧 . 高等数学教学中数学建模思想及其教学策略 [J]. 知识文库 ,2020,(第 21 期)：135，137.

[40] 田源 . 高等数学教学中数学文化的融入策略 [J]. 鞍山师范学院学报 ,2021,(第 2 期)：12-15.

[41] 崔艳 , 吴娟 . 高等数学教学中融合课程思政的策略探索 [J]. 安徽电子信息职业技术学院学报 ,2021,(第 5 期)：65-68.

[42] 朱迪 , 张昆龙 . 高等代数与高中数学教学衔接问题与策略研究 [J]. 成才之路 ,2021,(第 3 期)：110-112.

[43] 祁兰 , 马崛 , 张媛 . 高等数学教学中融入数学文化策略研究 [J]. 黑龙江科学 ,2020,(第 17 期)：16-18.